周末就能完成！

永不过时的经典花饰钩编

日本 E&G CREATES 编著

姚 维 译

河南科学技术出版社

·郑州·

目录

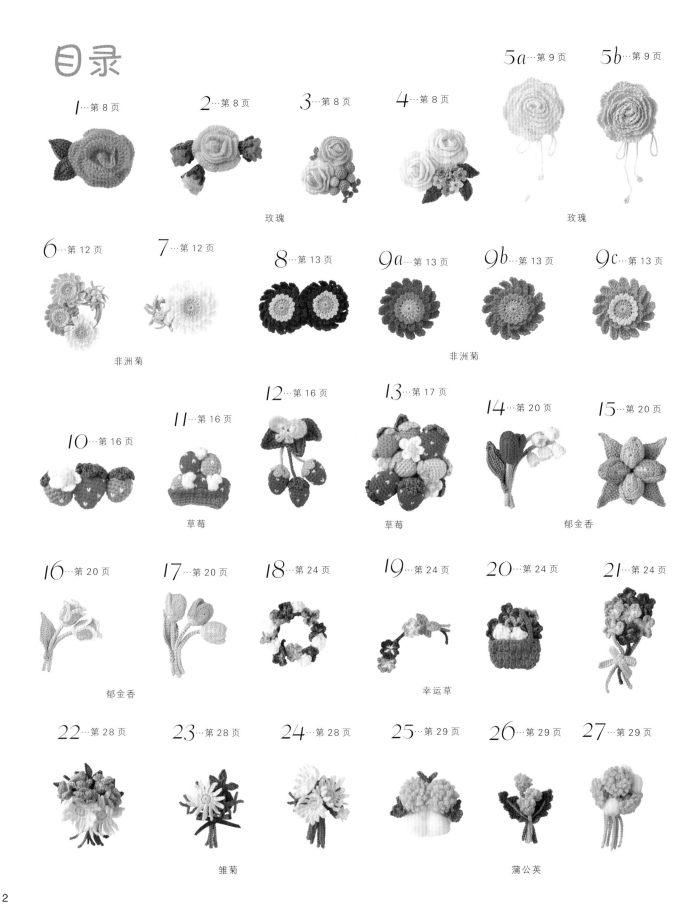

28…第 32 页 　 29…第 32 页 　 30…第 32 页 　 31…第 33 页 　 32…第 33 页 　 33…第 33 页

小鸟和花　　　　　　　　　　　　　　　　　葡萄

34…第 36 页 　 35…第 36 页 　 36…第 36 页 　 37…第 37 页 　 38…第 37 页 　 39…第 40 页 　 40…第 40 页

迷你玫瑰　　　　　　　　　　　迷你玫瑰　　　　　　绣球花

41…第 41 页 　 42…第 41 页 　 43…第 44 页 　 44…第 44 页 　 45…第 44 页 　 46…第 44 页 　 47…第 44 页

山茶花　　　　　　　　　　　　　　　　爱尔兰风图案

48…第 48 页 　 49…第 48 页 　 50…第 49 页 　 51…第 49 页 　 52…第 52 页 　 53…第 52 页 　 54…第 52 页 　 55…第 52 页

天然材料　　　　　亮闪闪的材料　　　　　　　　　圣诞节图案

要点详解…第 4 页
材料指南…第 56 页
钩针编织基础…第 60 页

＊在要点详解中，为了更清晰地呈现步骤，有时会特意更换线的粗细和颜色。
＊由于印刷物的特殊性，线的颜色与标记的色号可能存在色差。

＊本书有关问题请咨询 E&G CREATES。
电话 0422-55-5460　时间 13：00 ~ 17：00（周六、周日及节假日除外）
电子信箱 eg@eandgcreates.com
官网 http://eandgcreates.com/

＊关于毛线和别针等有任何疑问，请与以下地址联系。
（材料提供）
OLYMPUS 制丝株式会社
电话 052-931-6679
邮编 461-0018　名古屋市东区主税町 4 - 92
网址 http://www.olympus-thread.com/

HAMANAKA 株式会社
电话 075-463-5151
邮编 616-8585　京都市右京区花园薮下町 2 番地 3
网址 http://www.hamanaka.co.jp/

藤久株式会社（线）
电话 0120-478020（免费电话）
邮编 465-8511　名古屋市名东区高社 1 - 210
网址 http://www.crafttown.jp/
※ 有关藤久株式会社毛线的相关销售方式请咨询:
shugale（电话销售）电话 0120-081000（免费电话）
邮编 465-8555　名古屋市名东区猪子石 2 - 1607
网址 http://www.shugale.com/

ToHo 株式会社（别针）
电话 082-237-5151
邮编 733-0003　广岛市西区三篠町 2 丁目 19 - 6
网址 http://www.toho-beads.co.jp/

＊关于工具有任何疑问，请与以下地址联系。
TOKIWA 手艺株式会社（迷你钢丝刷）
电话 03-3866-5356（星期二、三、四接待）
传真 03-6686-1126（请在传真中注明您的订单）
邮编 111-0053　东京都台东区浅草桥 5 丁目 8 - 6

3

要点详解

※为了便于您的理解，我们更换了线的粗细、颜色，并用图片进行详细讲解。

拆分线

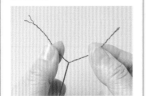

将捻合成一根的线拆分成2根或3根，以备缝合别针等需要细线时使用。先将线剪成30cm左右长，再按捻合的反方向旋转。这样拆分起来比较容易。

别针的缝制方法

1 将拆分线（或缝衣线）穿入缝衣针中，注意从别针固定位置的旁边入针，然后从别针固定处把针抽出。

2 缝衣针再在刚才的出针处附近挑一针，线不拉紧，留一个线圈，如图针穿过线圈并拉紧。

3 在织片同一位置再挑一次，将针从反面插入别针孔中。

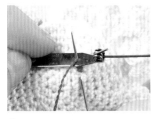

4 再次挑起织片，将针插入别针孔内。

5 按照相同方法，在别针孔上下分别缝制两三圈进行固定。

6 如图将针插入织片中，并从反面插入另一侧的孔内，以相同方法固定。

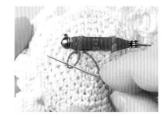

7 固定好后，将针再次穿过挑针留的线圈并拉紧。最后处理线头。

6

作品…第12页
钩织方法…第15页

在橡皮筋上钩织短针的方法

1 首先起针钩织80针锁针，暂时脱针。将钩针从橡皮筋圈内穿过，插入刚刚脱针的针目中，然后从橡皮筋中拉出至靠近身体一侧。

引出的针目

2 在针上挂线后引拔出。

3 这就是1针立起的锁针。挑起锁针的里山钩织短针，将橡皮筋编裹住。

4 图为1针短针完成的样子。

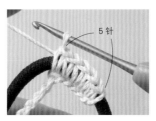

5针

5 图为织完5针短针后的样子。按照相同方法钩织80针短针，再从第1针中引拔出来，完成整圈。

44

作品···第44页
钩织方法···第46页

在铁丝上钩织短针的方法

1 把铁丝围成直径约5cm的圆形，两端扭紧，固定。

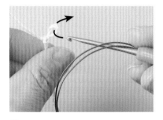

2 起基本针（请参见第60页）后暂时脱针。将钩针从铁丝环内穿过，插入刚刚脱针的针目中，接着从铁丝环中拉出至靠近身体一侧。

3 在针上挂线后引拔出。

4 这就是1针立起的锁针。按照箭头所示方向在铁丝环内入针，挂线后引出，以将铁丝和线头钩织在一起。

5 再次挂线，从钩针上2个线圈中一起引拔出线。

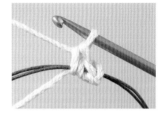

6 上图为1针短针完成的样子。

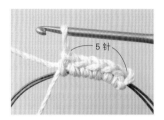

7 上图为织完5针短针的样子。按照相同方法共钩织93针短针，再从第1针中引拔出来，完成整圈。

---

23 24

作品···第28页
钩织方法···第30、58页

在茎中编裹铁丝的方法

1 把铁丝的一端回折，扭一个圆环，大小以能插入针头为宜。先钩织茎的锁针起针部分，接下来钩织1针立起的锁针时，把铁丝并到线旁，从铁丝的圆环内入针，挂线后引出。

2 继续挑起锁针的里山，钩织短针把铁丝包裹住。上图为1针短针完成的样子。

3 以相同方法继续钩织，将铁丝编裹在里面。

4 上图为钩织茎至顶部的样子。

5 将铁丝插入花萼中心，缝合花萼和茎。

6 上图为缝合完成的样子。

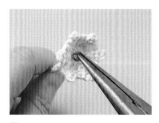

7 留下1cm左右，剪断铁丝。用钳子将留出的铁丝卷起。

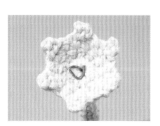

8 上图为铁丝卷起后的样子。后续可在此花萼上缝合花瓣。

IO II I2 I3

作品…第16、17页
钩织方法…第18、19页

草莓果实的钩织方法 ※以小果实为例来进行说明。

更换配色线的方法

1 在线头打结，钩织到第2行后如图所示。只在第1行钩织1针立起的锁针，第2行及以后不钩织立起的锁针，而是进行环形钩织。

2 在第3行的第1针处，挂白色线（配色线）并按照箭头所示引拔出。

3 白色线引拔出后，再将珊瑚粉色线（底色线）挂到针上，然后从钩针上2个线圈中一起引拔出线。

4 图为引拔完成后的样子。

果实的整理方法

5 接下来的1针用珊瑚粉色线钩织短针。此时也一起挑起白色线环形钩织。

6 以相同方法在3处换成配色线进行钩织。图片为第3行钩织完成后的样子。

7 按照符号图配色钩织到第9行后如图所示。

8 塞入填充棉。填充棉塞得稍紧才能形成漂亮饱满的形状。

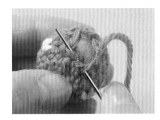

9 线头留出约10cm，剪断。再将线头穿入缝衣针中。挑起第9行（短针2针并1针）头针的靠近身体一侧的半针，将线穿一圈（6针）。重复此步骤2次。

10 拉紧线头。

11 处理线头，完成果实。

25 27

作品···第29页
钩织方法···第31页

※关于迷你钢丝刷的疑问请参考第3页。

蒲公英绒球的整理方法

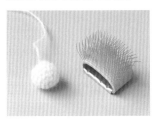   

1 钩织绒球，25留出约50cm长的线头，27留出约10cm长的线头，把线头穿过最后一行，拉紧。准备好迷你钢丝刷。

2 用迷你钢丝刷用力摩擦绒球的线，使绒毛立起来。

3 图为绒毛渐渐立起来的样子。

4 绒毛立起到一定程度后，用手心将毛捋顺、搓圆。

 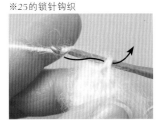 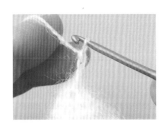

5 上图为绒球完成的样子。

※25的锁针钩织

6 用留出的长线头钩织锁针。挑起钩织完的织片入针，挂线后引出。

7 共钩织16针锁针。

---

43 45 46

作品···第44页
钩织方法···第46、47页

爱尔兰风图案中果实的钩织方法

固定钩织终点的针目的方法

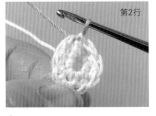   

第2行

第3行

1 用线头进行环形钩织，中心的环不要拉得太紧，稍微留点空隙。上图为钩织第2行的样子。

2 钩织1针立起的锁针，从环中插入钩针，钩织短针包裹住第1行和第2行。上图为织完1针短针的样子。

3 一共需要钩织20针短针。

4 留出约10cm长的线头，将线头从针目中引拔出后，穿入缝衣针中。先挑起第2针（从钩织起点开始数）短针的头针。

  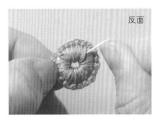 

反面

5 接下来在钩织终点的短针头针的外侧挑起半个针目。

6 针目固定后的样子。在钩织起点第1针上方再添针目，使得针目的排列看起来很整齐。将线头从织片中穿过进行处理。

7 将中心的环的线头拉紧，从织片中穿过进行处理。

8 将果实反面朝外，用手指将中心从下向上顶，整理成立体的形状。右图为完成的样子。

Rose 玫瑰

女性永远憧憬着的玫瑰花。
温柔绽放的大朵玫瑰在这里是主角。

钩织方法…1、4 – 第10页 2、3 – 第11页
设计…远藤裕美

（玫瑰和勿忘我）

8

华丽的玫瑰作为项链吊坠也非常时尚。

钩织方法···第10页

5a

5b

玫瑰 I～4 通用

花A

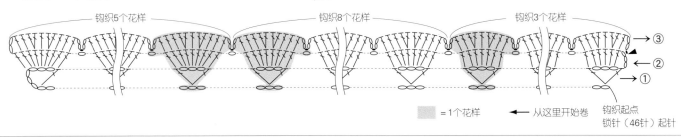

钩织5个花样　　　钩织8个花样　　　钩织3个花样

→ ③
▶ ← ②
→ ①

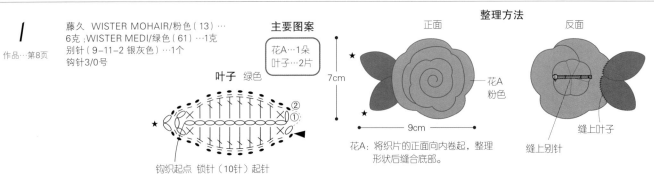

= 1个花样　　　← 从这里开始卷　　钩织起点
锁针（46针）起针

I

作品…第8页

藤久　WISTER MOHAIR/粉色（13）…
6克；WISTER MEDI/绿色（61）…1克
别针（9–11–2 银灰色）…1个
钩针3/0号

叶子　绿色

②
①

钩织起点 锁针（10针）起针

主要图案

花A…1朵
叶子…2片

整理方法

正面　　　　　　　　反面

7cm

花A
花A
粉色

缝上别针
缝上叶子

9cm

花A：将织片的正面向内卷起，整理
形状后缝合底部。

4

作品…第8页

OLYMPUS　EMMY GRANDE<COLORS>/本
白色（804）…13克，宝石蓝色（391）…少许；
EMMY GRANDE/苔藓绿色（288）…1克；EMMY
GRANDE<HERBS>/水蓝色（341）…少许
别针（9–11–2 银灰色）…1个
蕾丝针0号

主要图案

花A…2朵
勿忘我A…2朵
勿忘我B…5朵
叶子…3片
基底…1片

叶子　苔藓绿色

①

钩织起点
锁针（10针）起针

基底　本白色

「基底的钩织方法请参见第59页。
钩织到第8行，不加针再钩织1行。」

勿忘我A、B

②
①
环

勿忘我配色表

行数	A	B
2	本白色	水蓝色
1	水蓝色	宝石蓝色

整理方法

正面

基底

★

★

将叶子★端朝外，缝合
到基底正面。

9cm

10cm

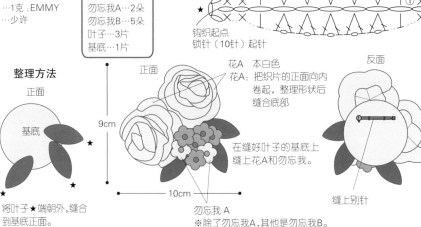

花A　本白色
花A：把织片的正面向内
卷起，整理形状后
缝合底部

反面

在缝好叶子的基底上
缝上花A和勿忘我。

缝上别针

勿忘我A
※除了勿忘我A，其他是勿忘我B。

5a 5b

作品…第9页

EMMY GRANDE /5a 本白色（851）…10克
5b 粉色（123）…10克
别针（9–11–2 银灰色）…1个
蕾丝针0号

主要图案

花…1朵
带子…1根

花　5a…本白色　5b…粉色

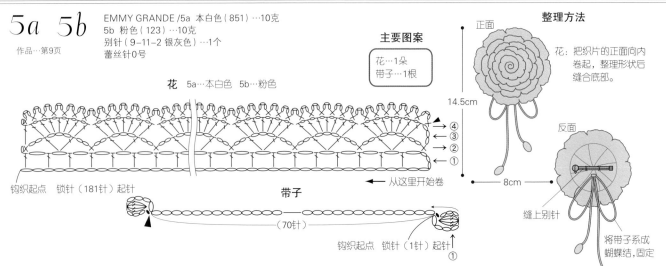

→ ④
→ ③
→ ②
← ①

钩织起点　锁针（181针）起针

← 从这里开始卷

带子

（70针）

钩织起点　锁针（1针）起针
①

整理方法

正面

14.5cm

反面

8cm

花：把织片的正面向内
卷起，整理形状后
缝合底部。

缝上别针

将带子系成
蝴蝶结，固定

10

2

作品…第8页

藤久 WISTER CORUPOPO/婴儿粉色
（46）…2克，珊瑚粉色（47）…1克；
WISTER MEDI/绿色（61）…4克
别针（9-11-2 银灰色）…1个
钩针3/0号

主要图案

花A…1朵	
花B…3朵	
花萼…3个	
基底…1片	

基底 绿色
「基底的钩织方法请参见第59页。钩织到第6行。」

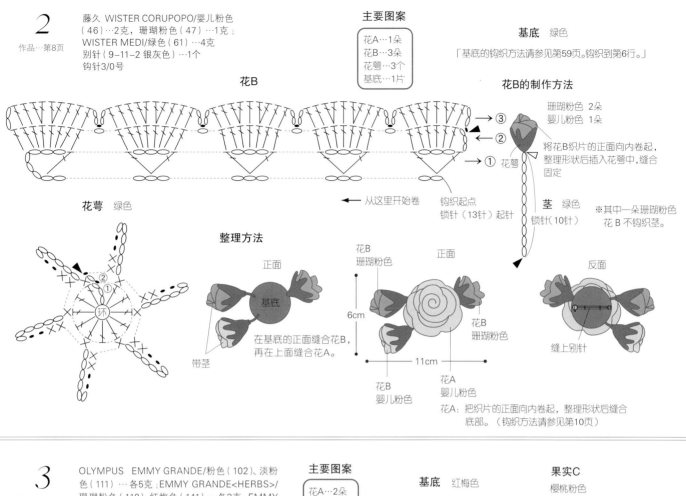

花B

花B的制作方法

珊瑚粉色 2朵
婴儿粉色 1朵

将花B织片的正面向内卷起，
整理形状后插入花萼中，缝合
固定

→ ③
◄ ②
→ ① 花萼

← 从这里开始卷

钩织起点
锁针（13针）起针

茎 绿色
锁针（10针）

※其中一朵珊瑚粉色
花B 不钩织茎。

花萼 绿色

整理方法

正面
基底

在基底的正面缝合花B，
再在上面缝合花A。

带茎

花B
珊瑚粉色

正面

6cm

11cm

花B
珊瑚粉色

花B
婴儿粉色

花A
婴儿粉色

反面

缝上别针

花A：把织片的正面向内卷起，整理形状后缝合
底部。（钩织方法请参见第10页）

3

作品…第8页

OLYMPUS EMMY GRANDE/粉色（102）、淡粉
色（111）…各5克；EMMY GRANDE<HERBS>/
珊瑚粉色（119）、红梅色（141）…各3克；EMMY
GRANDE<COLORS>/樱桃粉色（127）…少许
别针（9-11-2 银灰色）…1个
蕾丝针0号

主要图案

花A…2朵	
果实A…3个	
果实B…3个	
果实C…3个	
基底…1片	

基底 红梅色
「基底的钩织方法请参见第59页。钩
织到第8行，不加针再钩织1行。」

果实C
樱桃粉色

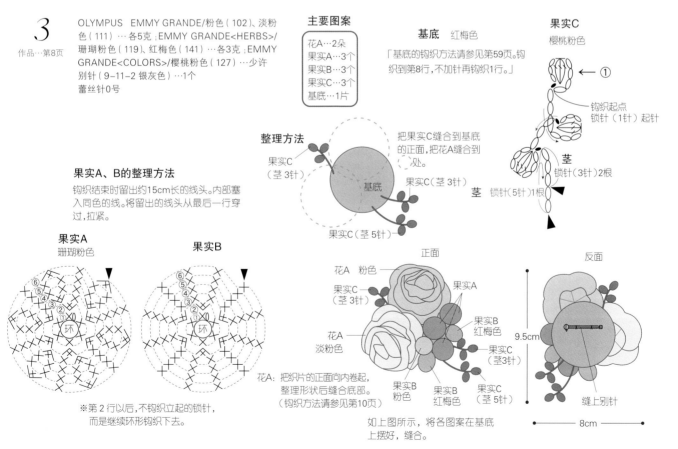

→ ①

钩织起点
锁针（1针）起针

茎
锁针（3针）2根

茎 锁针（5针）1根

整理方法

果实C
（茎 3针）

把果实C缝合到基底
的正面，把花A缝合到
各处。

基底

果实C（茎 3针）

果实C（茎 5针）

果实A、B的整理方法

钩织结束时留出约15cm长的线头。内部塞
入同色的线。将留出的线头从最后一行穿
过，拉紧。

果实A
珊瑚粉色

果实B

花A 粉色

果实A

果实C
（茎 3针）

花A
淡粉色

果实B
红梅色

果实C
（茎3针）

正面

果实B
粉色

果实B
红梅色

果实C
（茎 5针）

9.5cm

反面

缝上别针

8cm

花A：把织片的正面向内卷起，
整理形状后缝合底部。
（钩织方法请参见第10页）

※第2行以后，不钩织立起的锁针，
而是继续环形钩织下去。

如上图所示，将各图案在基底
上摆好，缝合。

Gerbera 非洲菊

不论是色彩柔和还是鲜艳的线材都适合用来钩织非洲菊。
根据搭配来选择不同的配色吧！
钩织方法…6－第15页　7－第14页
设计…远藤裕美

6

（非洲菊和金合欢）

7

（非洲菊和金合欢）

只需一朵就足够引人注目!
可以作为项链、发卡、皮筋的装饰。

钩织方法…8 – 第 15 页　9a、9b、9c – 第 14 页

9a

9b

8

9c

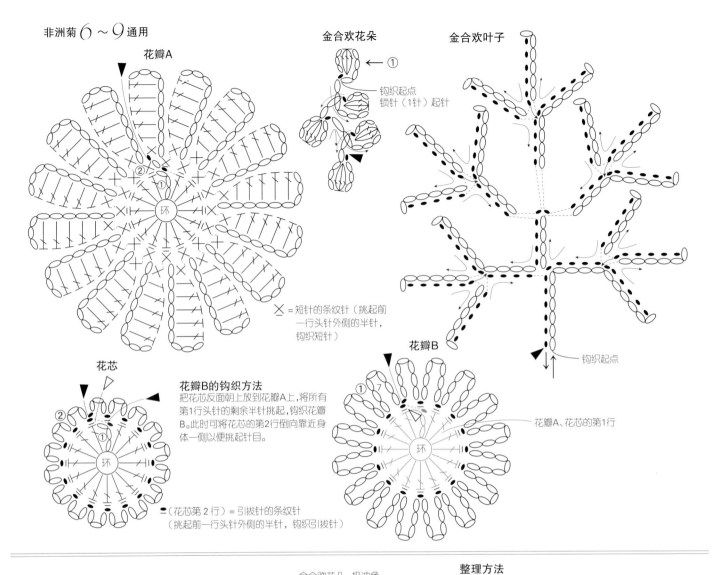

非洲菊 $6\sim9$ 通用

花瓣A

金合欢花朵

钩织起点
锁针（1针）起针

金合欢叶子

钩织起点

✕ = 短针的条纹针（挑起前
一行头针外侧的半针，
钩织短针）

花芯

花瓣B的钩织方法
把花芯反面朝上放到花瓣A上，将所有
第1行头针的剩余半针挑起，钩织花瓣
B。此时可将花芯的第2行倒向靠近身
体一侧以便挑起针目。

花瓣B

花瓣A、花芯的第1行

（花芯第2行）= 引拔针的条纹针
（挑起前一行头针外侧的半针，钩织引拔针）

7
作品…第12页

OLYMPUS EMMY GRANDE<HERBS>/
白色（800）…3克，薄荷绿色（252）、奶
油色（560）…各1克
别针（9-11-1 银灰色）…1个
蕾丝针0号

主要图案

| 非洲菊…1朵 |
| 金合欢叶子…1个 |
| 金合欢花朵…1个 |

非洲菊配色表

		颜色
花瓣A、B		白色
花芯	第2行	奶油色
	第1行	薄荷绿色

整理方法

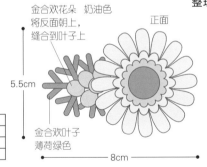

金合欢花朵 奶油色
将反面朝上，
缝合到叶子上

正面

5.5cm

金合欢叶子
薄荷绿色

8cm

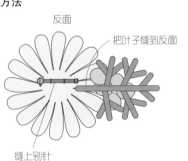

反面

把叶子缝到反面

缝上别针

9a 9b 9c
作品…第13页

OLYMPUS COTTON NOVIA <VARIE>/9a
红色（11）…4克，粉色（10）…少许 9b 粉
色（10）…4克，橙色（9）…少许 9c 橙色
（9）…4克，黄色（4）…少许；COTTON
CUORE/9a、9b、9c 黄绿色（4）…少许
别针（9-11-1 银灰色）…1个
钩针3/0号

配色表

		9a	9b	9c
花瓣A、B		红色	粉色	橙色
花芯	第2行	粉色	橙色	黄色
	第1行	黄绿色	黄绿色	黄绿色

整理方法

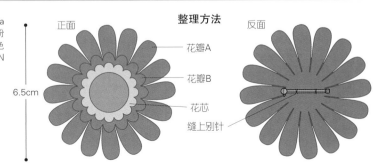

正面

6.5cm

花瓣A

花瓣B

花芯

缝上别针

反面

6

作品…第12页
要点详解…第4页

OLYMPUS EMMY GRANDE/粉 色（102）…3克,
黄绿色（243）…1克;EMMY GRANDE<HERBS>/白
色（800）…3克，珊瑚粉色（119）…2克,奶油色
（560）…1克;EMMY GRANDE<COLORS>/橙色
（555）…3克
别针（9-11-2 银灰色）…1个
粗0.4cm的橡皮筋…1个
蕾丝针0号

主要图案

非洲菊…3朵
金合欢叶子…1个
金合欢花朵…1个
基底…1片

非洲菊配色表
（钩织方法请参见第14页）

		A	B	C
花瓣A、B		粉色	橙色	白色
花芯	第2行	奶油色		
	第1行	黄绿色		

整理方法　正面

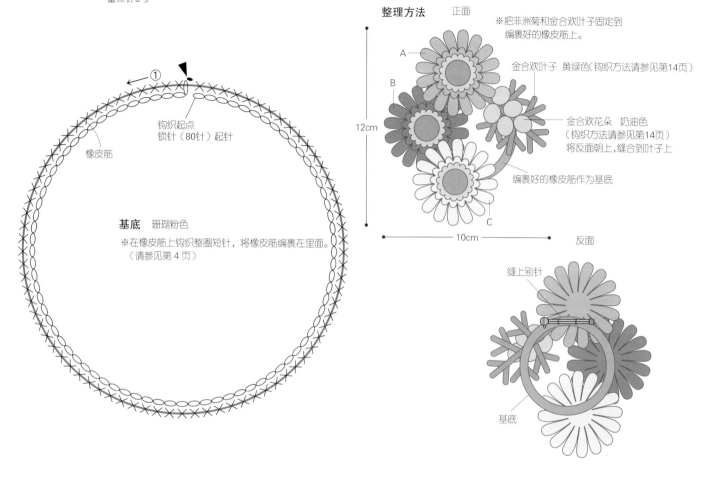

钩织起点
锁针（80针）起针

橡皮筋

A

B

12cm

10cm

※把非洲菊和金合欢叶子固定到
编裹好的橡皮筋上。

金合欢叶子 黄绿色（钩织方法请参见第14页）

金合欢花朵 奶油色
（钩织方法请参见第14页）
将反面朝上，缝合到叶子上

编裹好的橡皮筋作为基底

C

反面

基底　珊瑚粉色
※在橡皮筋上钩织整圈短针，将橡皮筋编裹在里面。
（请参见第4页）

缝上别针

基底

8

作品…第13页

OLYMPUS EMMY GRANDE / 绛红色（778）…5克;
EMMY GRANDE<HERBS>/红梅色（141）…少许;
EMMY GRANDE<COLORS>/芥末色（514）…少许
别针（9-11-3 银灰色）…1个
蕾丝针0号

主要图案

非洲菊…2朵
基底…1片

整理方法

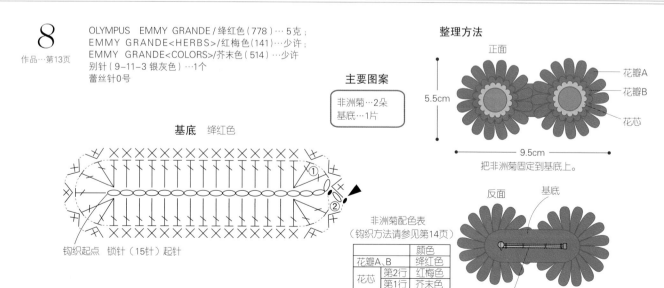

正面

5.5cm

9.5cm

花瓣A
花瓣B
花芯

把非洲菊固定到基底上。

基底　绛红色

钩织起点　锁针（15针）起针

反面

基底

缝上别针

非洲菊配色表
（钩织方法请参见第14页）

		颜色
花瓣A、B		绛红色
花芯	第2行	红梅色
	第1行	芥末色

Strawberry 草莓

女性最喜爱的草莓形状的可爱胸花。
将它装饰到塔皮上再加点奶油——甜点饰品完成！

钩织方法…第 19 页
设计…大町真希

10

11

（草莓水果塔）

12

（草莓和蝴蝶）

用多个草莓和花朵装饰的大胸花，
最适合装点你的包包！

钩织方法···第18页

13

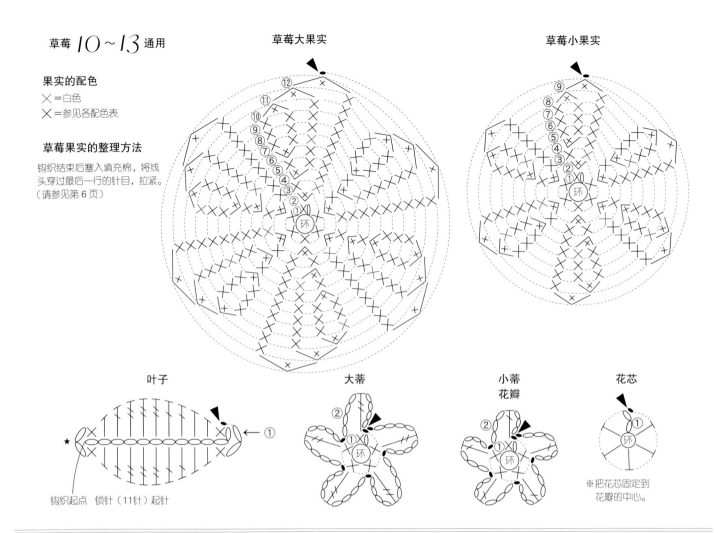

草莓 10~13 通用

果实的配色
╳ =白色
╳ =参见各配色表

草莓果实的整理方法
钩织结束后塞入填充棉，将线头穿过最后一行的针目，拉紧。
（请参见第6页）

草莓大果实

草莓小果实

叶子

钩织起点　锁针（11针）起针

大蒂

小蒂
花瓣

花芯

※把花芯固定到花瓣的中心。

13

藤久　WISTER MEDI/红色（57）、黄绿色（60）、绿色（61）…各6克，粉色（55）、深粉色（56）、白色（51）…各2克，浅黄色（58）…少许
别针（9-11-3 银灰色）…1个
填充棉…少许
钩针4/0号

主要图案
草莓A…大果实、大蒂各3个
草莓B、C…小果实、小蒂各2个
叶子（绿色）…4片
叶子（黄绿色）…4片
花…花瓣3片、花芯3个
基底…1片

基底　黄绿色
「基底的钩织方法请参见第59页。钩织到第8行。」

草莓配色表

		A	B	C
蒂		绿色	黄绿色	黄绿色
果	╳	白色		
实	╳	红色	深粉色	粉色

整理方法

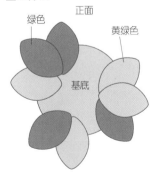

正面
绿色
黄绿色
基底

将叶子★端朝外，
固定到基底的正面。

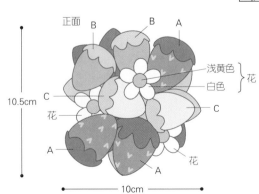

正面
B　B　A
浅黄色 ┐
白色 ├花
花 ┘
C
花
C
A
A
花

10.5cm
10cm

将果实、蒂、花瓣、花芯各自拼接缝合，再将果实和花缝合到固定好叶子的基底上。

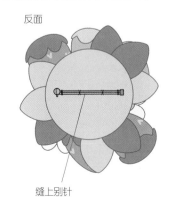

反面

缝上别针

12

作品…第16页
要点详解…第6页

藤久 WISTER MEDI/绿色（61）、红色（57）…各4克，黄绿色（60）、白色（51）…各1克，浅黄色（58）…少许
别针（9-11-2 银灰色）…1个
填充棉…少许
钩针4/0号

主要图案
草莓A、B、C…小果实、小蒂各1个
茎…3根
叶子…3片
蝴蝶…1只
（小果实、小蒂、叶子的钩织方法请参见第18页）

草莓配色表

	A	B	C
茎的针数	锁针19针	锁针25针	锁针22针
蒂、茎	黄绿色	绿色	黄绿色
果实 ╳	白色	白色	白色
╳	红色	红色	红色

蝴蝶
— = 白色
— = 浅黄色
环
8　8

茎
钩织起点 请钩织指定的针数

整理方法
正面
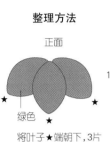
绿色
★
将叶子★端朝下，3片叶子重叠缝合。

正面 / 反面
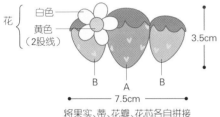
蝴蝶　茎　蒂　A　B　C
缝上别针
11cm
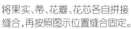
6.5cm
把蒂和茎固定到果实上，然后缝合到叶片的反面，最后将蝴蝶固定到叶子正面。

10

作品…第16页
要点详解…第6页

HAMANAKA EXCEED WOOL FL<粗>/红色（210）、珊瑚粉色（236）…各3克，白色（201）、绿色（220）…各2克；FOUR PLY/黄色（323）…少许
别针（9-11-3 银灰色）…1个
填充棉…少许
钩针4/0号

主要图案
草莓A…大果实、大蒂各1个
草莓B…小果实、小蒂各2个
花…花瓣1片、花芯1个（2股线）
（钩织方法请参见第18页）

草莓配色表

	A	B
蒂	绿色	绿色
果 ╳ 实	白色	白色
╳	红色	珊瑚粉色

整理方法
花 { 白色 / 黄色（2股线） }
正面
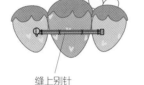
反面
3.5cm
7.5cm
缝上别针
将果实、蒂、花瓣、花芯各自拼接缝合，再按照图示位置缝合固定。

11

作品…第16页
要点详解…第6页

HAMANAKA EXCEED WOOL FL<粗>/红色（210）、白色（201）…各4克，浅红色（208）、黄褐色（204）…各3克，茶色（205）…2克
别针（9-11-2 银灰色）…1个
填充棉…少许
钩针4/0号

主要图案
草莓A…小果实3个
草莓B…小果实2个
奶油…3个
水果塔皮…1个

草莓配色表
（钩织方法请参见第18页）

	A	B
果 ╳	白色	白色
实 ╳	红色	浅红色

奶油 白色
钩织起点 锁针（6针）起针
从这边开始卷，缝合底部

整理方法
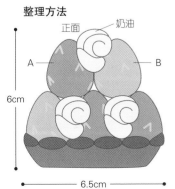
正面　奶油
A　B
6cm
6.5cm
反面
缝上别针
按照图示位置把草莓和卷起来的奶油摆好，并固定到水果塔皮上。

水果塔皮
— = 茶色
— = 黄褐色
钩织起点 锁针（11针）起针
╳ = 短针的条纹针

Tulip 郁金香

红色、粉色、黄色等各种颜色的郁金香，
充满了华丽感！
钩织方法…14 – 第22页　15、16、17– 第23页
设计…松本薰

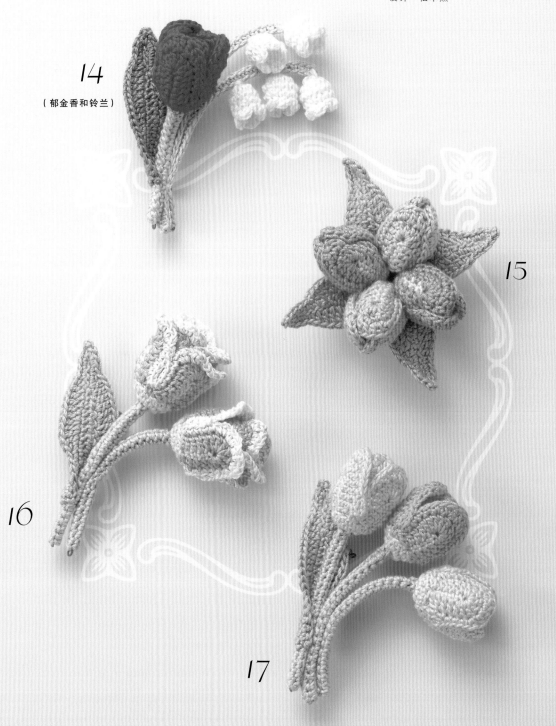

14
（郁金香和铃兰）

15

16

17

插到小瓶中，把房间装饰得色彩斑斓。

作为餐桌装饰，给客人最完美的款待。

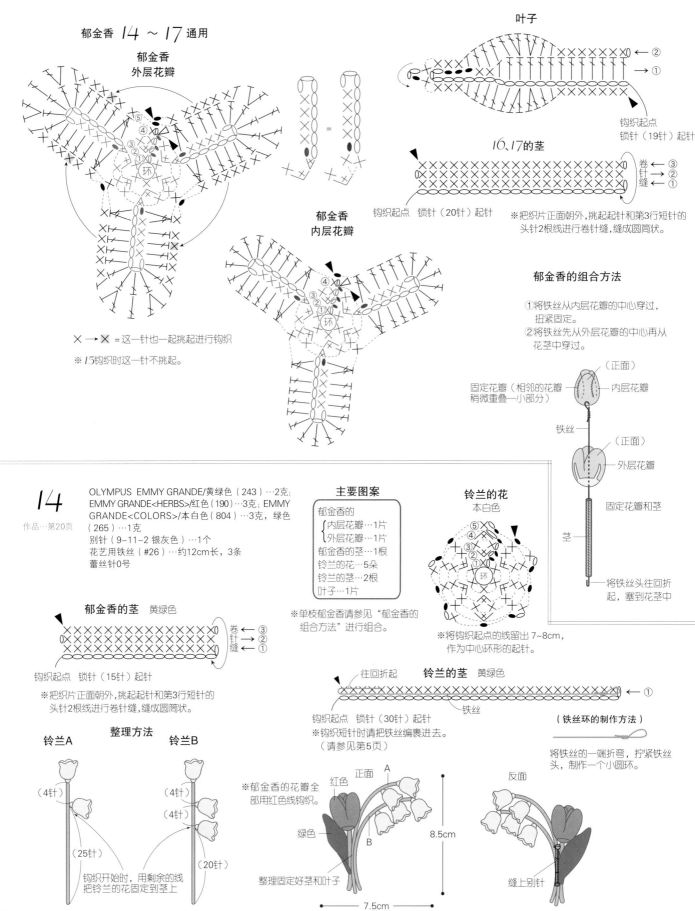

郁金香 14 ~ 17 通用

郁金香
外层花瓣

叶子

钩织起点
锁针（19针）起针

郁金香
内层花瓣

16、17的茎

卷 ← ③
针 → ②
缝 ← ①

钩织起点 锁针（20针）起针

※把织片正面朝外，挑起起针和第3行短针的
头针2根线进行卷针缝，缝成圆筒状。

X → X = 这一针也一起挑起进行钩织

※15钩织时这一针不挑起。

郁金香的组合方法

①将铁丝从内层花瓣的中心穿过，
扭紧固定。
②将铁丝先从外层花瓣的中心再从
花茎中穿过。

（正面）
固定花瓣（相邻的花瓣
稍微重叠一小部分）
内层花瓣

铁丝

（正面）
外层花瓣

固定花瓣和茎

茎

将铁丝头往回折
起，塞到花茎中

14

作品…第20页

OLYMPUS EMMY GRANDE/黄绿色（243）…2克；
EMMY GRANDE<HERBS>/红色（190）…3克；EMMY
GRANDE<COLORS>/本白色（804）…3克，绿色
（265）…1克
别针（9-11-2 银灰色）…1个
花艺用铁丝（#26）…约12cm长，3条
蕾丝针0号

主要图案

郁金香的
{ 内层花瓣…1片
  外层花瓣…1片
郁金香的茎…1根
铃兰的花…5朵
铃兰的茎…2根
叶子…1片

※单枝郁金香请参见"郁金香的
组合方法"进行组合。

铃兰的花
本白色

※将钩织起点的线留出 7~8cm，
作为中心环形的起针。

郁金香的茎 黄绿色

卷 ← ③
针 → ②
缝 ← ①

钩织起点 锁针（15针）起针

※把织片正面朝外，挑起起针和第3行短针的
头针2根线进行卷针缝，缝成圆筒状。

往回折起 铃兰的茎 黄绿色

钩织起点 锁针（30针）起针
铁丝
※钩织短针时请把铁丝编裹进去。
（请参见第5页）

（铁丝环的制作方法）

将铁丝的一端折弯，拧紧铁丝
头，制作一个小圆环。

整理方法

铃兰A

（4针）

（25针）

钩织开始时，用剩余的线
把铃兰的花固定到茎上

铃兰B

（4针）

（4针）

（20针）

※郁金香的花瓣全
部用红色线钩织。

红色

绿色

整理固定好茎和叶子

正面

A

B

8.5cm

7.5cm

反面

缝上别针

16
作品…第20页

OLYMPUS　金票#40蕾丝线<BOCOS>/粉色系 BOCOS（71）…3克；EMMY GRANDE/深粉色（104）…3克，黄绿色（243）…1克；EMMY GRANDE<HERBS>/黄绿色（273）、浅米色（732）…各1克
别针（9–11–2 银灰色）…1个
花艺用铁丝（#26）…约12cm长，2条
蕾丝针0号

花瓣配色表

行数	外层花瓣	内层花瓣
5	粉色系BOCOS	粉色系BOCOS
4	深粉色	深粉色
1～3	浅米色	深粉色

※粉色系BOCOS用2股线进行钩织。
※茎、叶子的钩织方法请参见第22页。
※两枝郁金香请参见第22页"郁金香的组合方法"分别进行组合。

主要图案

内层花瓣…2片
外层花瓣…2片
茎…2根
叶子…1片

褶边郁金香 内层花瓣

褶边郁金香 外层花瓣

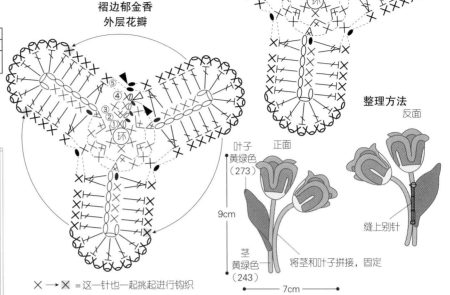

整理方法
反面

叶子 黄绿色（273）
正面
9cm
茎 黄绿色（243）
缝上别针
将茎和叶子拼接，固定
7cm

× → × = 这一针也一起挑起进行钩织

17
作品…第20页

OLYMPUS　EMMY GRANDE/黄色（521）…4克，黄绿色（243）…2克；EMMY GRANDE<HERBS>/奶油色（560）…3克；EMMY GRANDE<COLORS>/橙色（555）…2克，浅绿色（244）…1克
别针（9–11–2 银灰色）…1个
花艺用铁丝（#26）…约12cm长，3条
蕾丝针0号

主要图案

内层花瓣A…2片
　　　　B…1片
外层花瓣A…2片
　　　　B…1片
茎…3根
叶子…1片

（钩织方法请参见第22页）

花瓣配色表

	行数	A	B
内层花瓣	1～4	黄色	橙色
	4、5	黄色	橙色
外层花瓣	1～3	奶油色	奶油色

※3枝郁金香请参见第22页的"郁金香的组合方法"分别进行组合。

整理方法

A
正面
B
A
9cm
叶子 浅绿色
茎 黄绿色
将茎和叶子拼接，固定
反面
缝上别针
7.5cm

15
作品…第20页

OLYMPUS　EMMY GRANDE<HERBS>/珊瑚粉色（119）、红梅色（141）…各5克，黄绿色（273）…3克，浅米色（732）…2克
别针（9–11–2 银灰色）…1个
填充棉…少许
蕾丝针0号

基底 黄绿色
「基底的钩织方法请参见第59页。钩织到第6行。」

外层花瓣配色表
（钩织方法请参见第22页）

	行数	A	B
	4、5	红梅色	珊瑚粉色
	1～3	浅米色	浅米色

※花芯分别用第4、5行的颜色线钩织。

主要图案

外层花瓣A、B…各2片
花芯A、B…各2个
叶子…4片
基底…1片

花芯

叶子 黄绿色 4片 ←②
钩织起点 锁针（9针）起针 →①

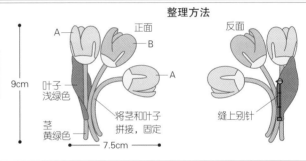

※第2行及以后不钩织立起的锁针，而是环形钩织。
※钩织结束后塞入填充棉，将线头穿过最后一行的针目，拉紧。

整理方法

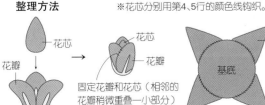

花芯
花瓣
花芯
花瓣
固定花瓣和花芯（相邻的花瓣稍微重叠一小部分）
将花芯放入花瓣中。

叶子
基底
把叶子缝合到基底的边缘。

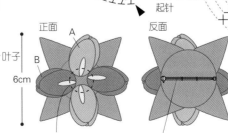

正面
A
B
6cm
反面
把4朵花拼接到一起，固定到基底上
缝上别针

Clover 幸运草

将幸运草装饰到可爱的胸花上。
还可以做成花环、花束或放到花篮里。

钩织方法…18、19、21 – 第 27 页　20 – 第 26 页
设计…大町真希

18

19
（幸运草和蝴蝶）

20

21

装饰到收纳箱上，变身为可爱的室内装饰品。

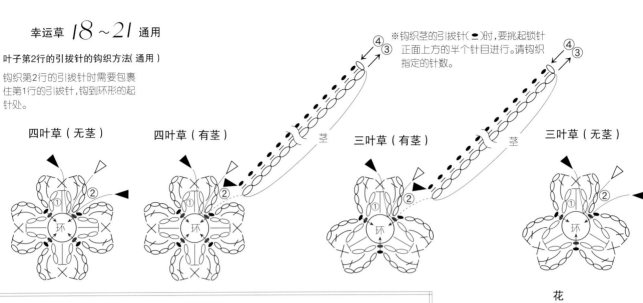

幸运草 *18~21* 通用

叶子第2行的引拔针的钩织方法（通用）

钩织第2行的引拔针时需要包裹
住第1行的引拔针，钩到环形的起
针处。

※钩织茎的引拔针（●）时，要挑起锁针
正面上方的半个针目进行。请钩织
指定的针数。

四叶草（无茎）　四叶草（有茎）　茎　三叶草（有茎）　茎　三叶草（无茎）

20

作品···第24页

藤久　WISTER MEDI/驼色（65）···5克，白
色（51）、黄绿色（60）、绿色（61）···各2克
别针（9-11-1 银灰色）···1个
钩针4/0号

叶子配色表

		第1行	第2行
四叶草	A	黄绿色	绿色
	B	绿色	黄绿色
三叶草	C	黄绿色	绿色
	D	绿色	黄绿色

主要图案

叶子A···2片(无茎)
叶子B、C、D···各1片(无茎)
花···2朵
篮子···1个
提手···1根
基底···1片

基底　黄绿色

「基底的钩织方法请参见第59页。钩织到第6行。」

花

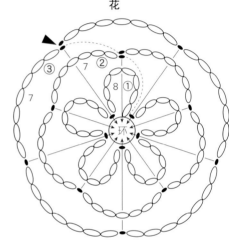

※钩织第2行的引拔针时，请将第1行的线圈倒向
靠近身体的一侧，钩织到环形的起针处。
※钩织第3行的引拔针时，请将第2行的线圈倒向
靠近身体的一侧，钩织到环形的起针处，包裹住
第1行的引拔针。

篮子　驼色

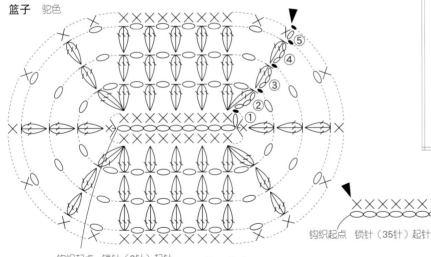

钩织起点　锁针（9针）起针

篮子的提手　驼色

钩织起点　锁针（35针）起针

整理方法

正面

8cm

7cm

提手

篮子

花

叶子和花的摆放

A
B
C
D
C
A
基底
花

把叶子和花固定到基底的正面。

反面

缝上别针

将固定好了叶子和花的基底
放入篮子里固定，再将提手
两端分别从外面穿到里面，
缝合固定到篮子上。

18

作品···第24页

藤久 WISTER MEDI/白色（51）、黄绿色（60）、
绿色（61）···各3克，浅黄色（58）···1克
别针（9-11-2 银灰色）···1个
钩针4/0号

H A G B E D F C

将叶子或重叠、或留出间隙地排成一排，缝合茎的部分，使叶子固定在一起。
然后围成圆圈，固定住两端。最后在叶子间隙处缝上花朵。

主要图案

叶子A~H···各1片（有茎）
花···5朵

（钩织方法请参见第26页）

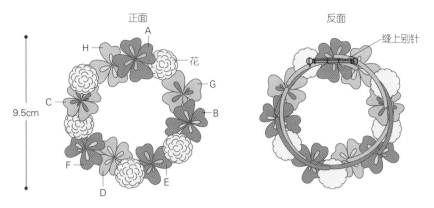

正面 反面

9.5cm

缝上别针

H 花
C
G
F B
D E A

叶子配色和针数表

		第1行	第2行、茎	茎的针数
四叶草	A	黄绿色	绿色	30针
	B	浅黄色	绿色	
	C	绿色	黄绿色	
	D	浅黄色	黄绿色	
三叶草	E	黄绿色	绿色	
	F	浅黄色	绿色	
	G	绿色	黄绿色	
	H	浅黄色	黄绿色	

19

作品···第24页

HAMANAKA EXCEED WOOL FL<粗>/
黄绿色（218）、灰绿色（219）、绿色（220）···
各2克，白色（201）、浅红色（208）、珊
瑚粉色（236）···各少许
别针（9-11-1 银灰色）···1个
钩针4/0号

主要图案

叶子A、B、C···各1片（有茎）
蝴蝶···1只

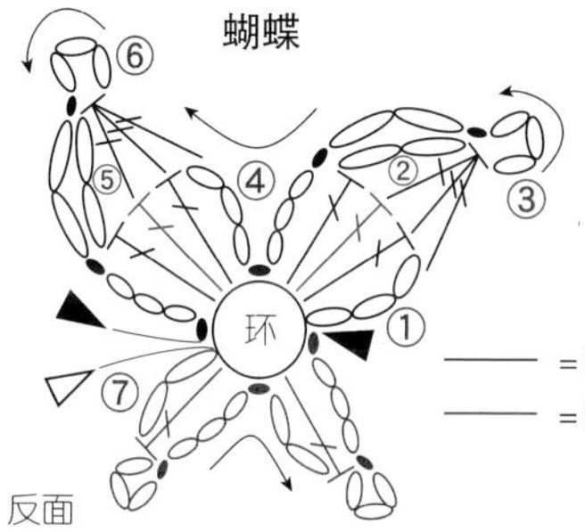

整理方法

正面

A B C 蝴蝶

3cm

14.5cm

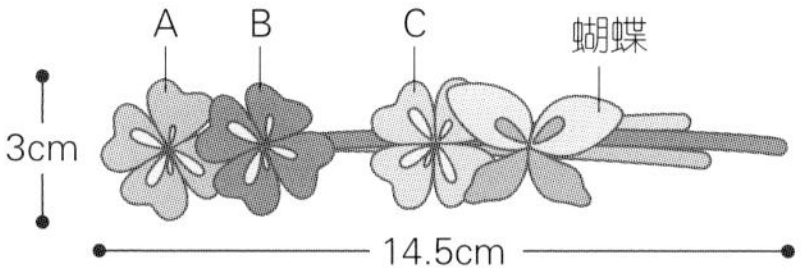

按照上图所示摆好并缝合固定。

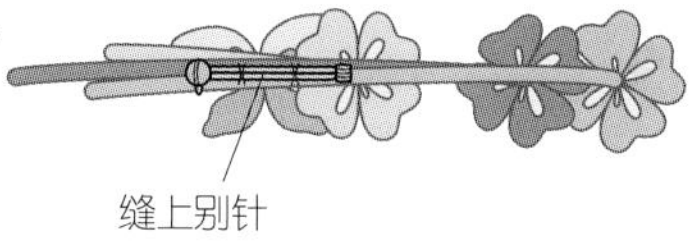

反面

缝上别针

蝴蝶

⑥
⑤ ④ ③
环 ①
⑦ ②

= 浅红色
= 珊瑚粉色

叶子配色和针数表

	A	B	C
茎的针数	45针	40针	20针
第2行、茎	灰绿色	绿色	黄绿色
第1行	白色	白色	白色

※全部为四叶草。（钩织方法请参见第26页）

21

作品···第24页

HAMANAKA 纯毛中细/黄绿色（22）、
绿色（24）···各5克，灰蓝色（34），
浅紫色（13）、本白色（1）···各1克
别针（9-11-2 银灰色）···1个
钩针3/0号、5/0号

主要图案

叶子A、B、C···各1片（有茎）
叶子D、E、F、G···各1片（无茎）
带子···1根
基底···1片

基底 黄绿色

「基底的钩织方法请参见第59页。
用钩针5/0号、2股线钩织到第5行。」

整理方法

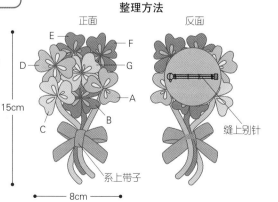

正面 反面

E F
D G
A
B
C

15cm

缝上别针

系上带子

8cm

如上图所示将叶子摆到基底上并固定好。

带子 浅紫色 钩针3/0号（1股线）

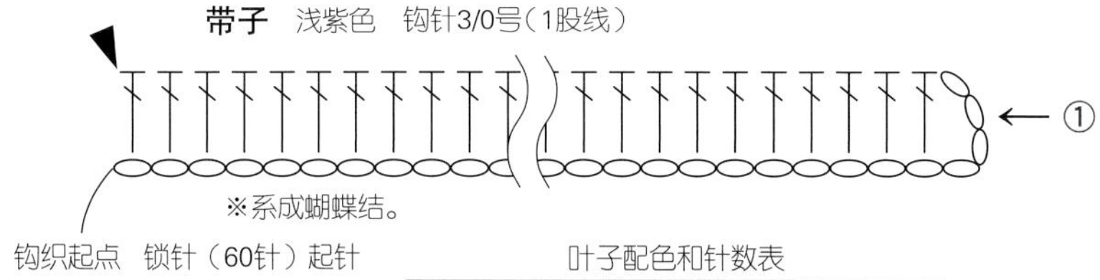

①

※系成蝴蝶结。

钩织起点 锁针（60针）起针

叶子配色和针数表

		第1行	第2行、茎	茎的针数
四叶草	B	黄绿色	绿色	20针
	D	本白色	黄绿色	
	F	黄绿色	绿色	
	G	本白色	灰蓝色	
三叶草	A	本白色	黄绿色	28针
	C	本白色	灰蓝色	30针
	E	黄绿色	绿色	

※用钩针 5/0号 、2股线钩织。（钩织方法请参见第26页）

Marguerite 雏菊

备受大家喜爱的优雅的雏菊。
可以做成花束样式的可爱胸花。

钩织方法…22、23 – 第30页　24 – 第58页
设计…河合真弓

22
（雏菊和香豌豆花）

23

24

Dandelion 蒲公英

鲜亮的黄色花朵加上柔软蓬松的白色绒球，
让人感受到温暖的春天的气息。
钩织方法…第 31 页
设计…河合真弓

25

26

27

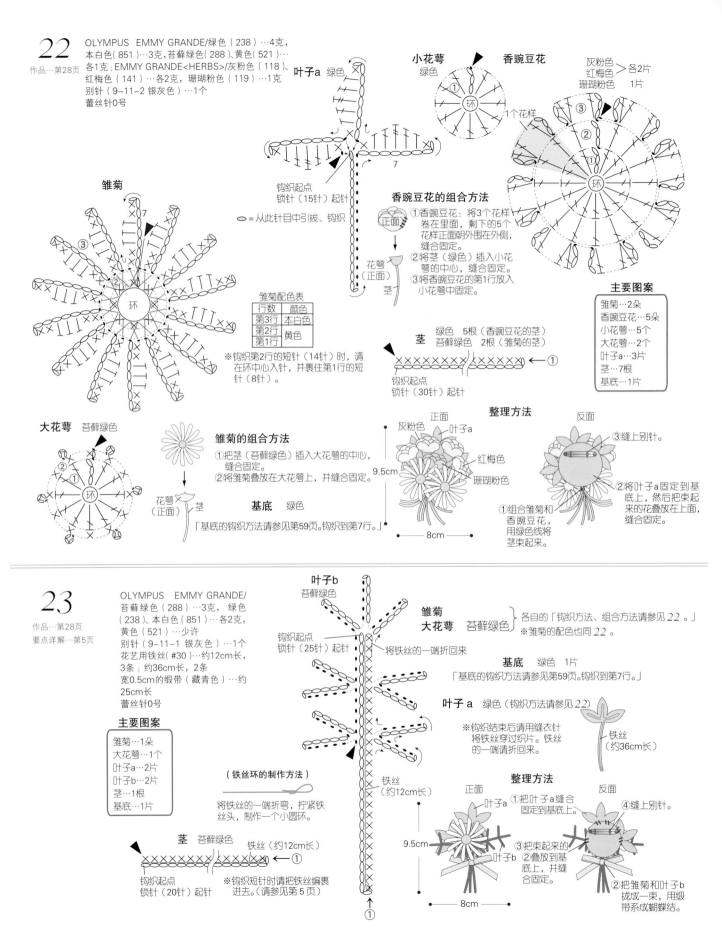

22
作品…第28页

OLYMPUS EMMY GRANDE/绿色（238）…4克，
本白色（851）…3克，苔藓绿色（288）、黄色（521）…
各1克；EMMY GRANDE<HERBS>/灰粉色（118）、
红梅色（141）…各2克，珊瑚粉色（119）…1克
别针（9-11-2 银灰色）…1个
蕾丝针0号

叶子a
绿色

小花萼
绿色

香豌豆花

灰粉色
红梅色 各2片
珊瑚粉色 1片

雏菊

钩织起点
锁针（15针）起针

◯ = 从此针目中引拔、钩织

1个花样

香豌豆花的组合方法

①香豌豆花：将3个花样
卷在里面，剩下的5个
花样正面朝外围在外侧，
缝合固定。
②将茎（绿色）插入小花
萼的中心，缝合固定。
③将香豌豆花的第1行放入
小花萼中固定。

正面

花萼
（正面）

茎

主要图案

雏菊…2朵	
香豌豆花…5朵	
小花萼…5个	
大花萼…2个	
叶子a…3片	
茎…7根	
基底…1片	

雏菊配色表

行数	颜色
第3行	本白色
第2行	黄色
第1行	黄色

※钩织第2行的短针（14针）时，请
在环中心入针，并裹住第1行的短
针（8针）。

茎 绿色 5根（香豌豆花的茎）
     苔藓绿色 2根（雏菊的茎）

钩织起点
锁针（30针）起针

大花萼 苔藓绿色

整理方法

雏菊的组合方法

①把茎（苔藓绿色）插入大花萼的中心，
缝合固定。
②将雏菊叠放在大花萼上，并缝合固定。

花萼
（正面）

茎

基底 绿色

「基底的钩织方法请参见第59页。钩织到第7行。」

正面

灰粉色

叶子a

红梅色

珊瑚粉色

9.5cm

反面

③缝上别针。

②将叶子a固定到基
底上，然后把束起
来的叠放在上面，
缝合固定。

①组合雏菊和
香豌豆花，
用绿色线将
茎束起来。

8cm

23
作品…第28页
要点详解…第5页

OLYMPUS EMMY GRANDE/
苔藓绿色（288）…3克，绿色
（238）、本白色（851）…各2克，
黄色（521）…少许
别针（9-11-1 银灰色）…1个
花艺用铁丝（#30）…约12cm长，
3条；约36cm长，2条
宽0.5cm的缎带（藏青色）…约
25cm长
蕾丝针0号

叶子b
苔藓绿色

雏菊
大花萼 苔藓绿色

各自的「钩织方法、组合方法请参见22。」
※雏菊的配色也同22。

钩织起点
锁针（25针）起针

将铁丝的一端折回来

基底 绿色 1片
「基底的钩织方法请参见第59页。钩织到第7行。」

叶子a 绿色（钩织方法请参见22）

主要图案

雏菊…1朵	
大花萼…1个	
叶子a…2片	
叶子b…2片	
茎…1根	
基底…1片	

（铁丝环的制作方法）

将铁丝的一端折弯，拧紧铁
丝头，制作一个小圆环。

※钩织结束后请用缝衣针
将铁丝穿过织片。铁丝
的一端请折回来。

铁丝
（约36cm长）

铁丝
（约12cm长）

茎 苔藓绿色

铁丝（约12cm长）

钩织起点
锁针（20针）起针

※钩织短针时请把铁丝编裹
进去。（请参见第5页）

整理方法

正面

叶子a

9.5cm

叶子b

反面

①把叶子a缝合
固定到基底上。

④缝上别针。

③把束起来的
叠放到基
底上，并缝
合固定。

②把雏菊和叶子b
拢成一束，用缎
带系成蝴蝶结。

8cm

25

作品…第29页
要点详解…第7页

藤久 WISTER MEDI/ 黄色（59）…
4克，绿色（61）…2克，浅黄色（58）…
1克，黄绿色（60）…少许；WISTER
MOHAIR/白色（1）…1克
别针（9-11-2 银灰色）…1个
填充棉…少许
钩针4/0号

蒲公英的组合方法

把小蒲公英固定到
大蒲公英的中心。

小蒲公英 黄色

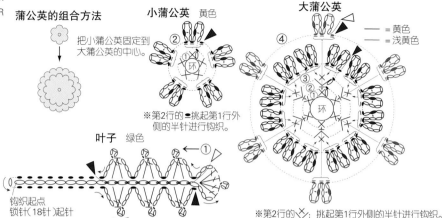

※第2行的●：挑起第1行外
侧的半针进行钩织。

大蒲公英

── = 黄色
── = 浅黄色

※第2行的●：挑起第1行外侧的半针进行钩织。
第3行的●：挑起第2行外侧的半针进行钩织。
第4行：挑起第1行内侧的半针进行钩织。

主要图案

大蒲公英…2朵
小蒲公英…2朵
叶子…2片
绒球…2个

叶子 绿色

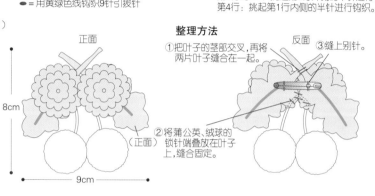

钩织起点
锁针（18针）起针

●=用黄绿色线钩织9针引拔针

绒球 白色

钩织到第5行后，把填充棉塞进去继续
钩织第6行。线头留出约50cm长，剪
断，将线头穿过最后一行的针目，拉紧。

绒球的整理方法（请参见第7页）

用留出的较长一
端的线头钩织锁
针（16针）

2.5cm

※用迷你钢丝刷将MOHAIR线的
毛全部刷起。

整理方法

正面

8cm

9cm

①把叶子的茎部交叉，再将
两片叶子缝合在一起。

反面

③缝上别针。

②将蒲公英、绒球的
锁针端叠放在叶子
上，缝合固定。

（正面）

26

作品…第29页

藤久 WISTER MEDI/ 黄绿色
（60）…3克，绿色（61）…2克，
黄色（59）…1克
别针（9-11-2 银灰色）…1个
花艺用铁丝 #30）…约10cm长，
3条；约15cm长，2条
钩针4/0 号

茎 黄绿色

铁丝（约10cm长）

钩织起点
a 锁针（20针）起针
b 锁针（15针）起针
c 锁针（10针）起针

※钩织短针时请把
铁丝编裹进去。
（请参见第5页）
铁丝环的制作方法请
参见第30页的23。

小蒲公英 黄色
叶子 绿色

各自的「钩织方法请参见25。」

花萼 黄绿色

蒲公英的组合方法

蒲公英
（反面）

①把茎插入花萼的中
心，缝合固定。

花萼
（正面）

②把小蒲公英整理成
圆形，叠放到花萼
中缝合固定。

茎a、b、c

主要图案

小蒲公英…3朵
叶子…2片
花萼…3个
茎…3根

叶子的整理方法

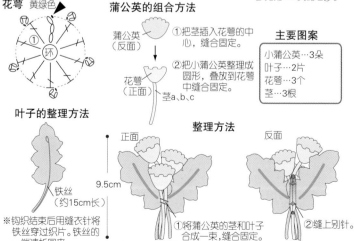

铁丝
（约15cm长）

※钩织结束后用缝衣针将
铁丝穿过叶片。铁丝的
一端请折回来。

整理方法

正面

9.5cm

8cm

①将蒲公英的茎和叶子
合成一束，缝合固定。

反面

②缝上别针。

27

作品…第29页
要点详解…第7页

藤久 WISTER MEDI/ 黄色（59）、
黄绿色（60）…各6克；WISTER
MOHAIR/ 白色（1）…2克
别针（9-11-3 银灰色）…1个
填充棉…少许
钩针4/0号

主要图案

大蒲公英 …3朵
绒球…4个
花萼…7个
茎…7根

大蒲公英 黄色
绒球 白色

各自的「钩织方法请参见25。」
※此处的绒球不钩织锁针（16针），
请将线头留出约10cm长后剪断。

花萼 黄绿色
（钩织方法请参见26）

※蒲公英、花萼、茎及绒球、
花萼、茎的组合方法请参
见26。

茎 黄绿色

钩织起点
钩织罗纹绳（30针）
※罗纹绳的钩织方法请参见第64页。

整理方法

正面

11.5cm

7cm

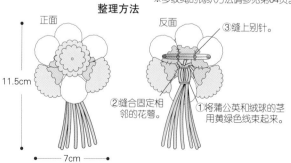

反面

③缝上别针。

①将蒲公英和绒球的茎
用黄绿色线束起来。

②缝合固定相
邻的花萼。

Little bird & flower 小鸟和花

可爱的小鸟图案，惹人怜爱的表情让心也跟着柔软起来。戴在身上的话，说不定能给您带来好运哦！

钩织方法…28、29 – 第34页　30 – 第58页
设计…松本薫

28
（小鸟和花蕾）

29

30

Grape 葡萄

31

32

33
（马奶子葡萄）

浓郁紫色的葡萄，清新绿色的马奶子葡萄。
仿佛从饱满的果实里散发出了醇厚的香味……
钩织方法…第35页
设计…松本薰

将葡萄装饰到红酒瓶的外包装上，更添一份乐趣。

28

作品…第32页

HAMANAKA　水洗棉<CROCHET>/蓝色（110）…2克，
米色（103）、淡蓝色（109）、玫瑰粉色（115）…各1克；
TITI CROCHET /苔藓绿色（24）…1克
别针（9-11-1 银灰）…1个
花艺用铁丝（#31）…约20cm长
圆形大串珠（黑色）…1个
钩针2/0号

树枝 米色

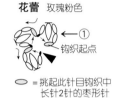

将铁丝对折，一端拧紧，制作一个圆环
←①

铁丝
钩织起点
锁针（13针）起针

※钩织短针时请把铁丝对折后编裹进去。（请参见第5页）

铁丝的一端折回来

鸟身 蓝色

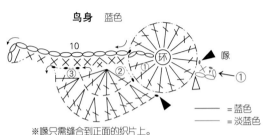

10
环
喙
←①

━━ = 蓝色
━━ = 淡蓝色

※喙只需缝合到正面的织片上。

叶子 苔藓绿色

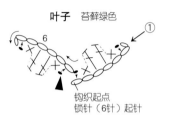

6
①
钩织起点
锁针（6针）起针

花蕾 玫瑰粉色

①
钩织起点

◯ =挑起此针目钩织中长针2针的枣形针

翅膀 淡蓝色

②
环

主要图案

鸟身…2片
翅膀…2片
叶子…2片
花蕾…2片
树枝…1根

整理方法

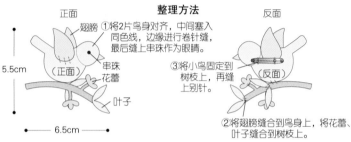

正面
翅膀
（正面）
串珠
花蕾
5.5cm
叶子
6.5cm

①将2片鸟身对齐，中间塞入同色线，边缘进行卷针缝，最后缝上串珠作为眼睛。

反面
③将小鸟固定到树枝上，再缝上别针。
（反面）
②将翅膀缝合到鸟身上，将花蕾、叶子缝合到树枝上。

29

作品…第32页

HAMANAKA　水洗棉<CROCHET>/本白色（101）、米色（103）…各2克，黄绿色（108）、暗粉色（113）…各1克；PASSAGE/蓝色系混合色（4）…1克
别针（9-11-1 银灰色）…1个
花艺用铁丝（#31）…约50cm长
圆形大串珠（黑色）…1个
钩针2/0号

鸟身　本白色
翅膀、喙　暗粉色
叶子　黄绿色
｝各自的「钩织方法请参见28。」

小叶子 黄绿色

←①
钩织起点
锁针（6针）起针

主要图案

鸟身…2片
翅膀…2片
叶子…2片
小叶子…1片
花…3朵
鸟笼…1个

法国结粒绣

2入
1出
绕2圈

鸟笼 米色

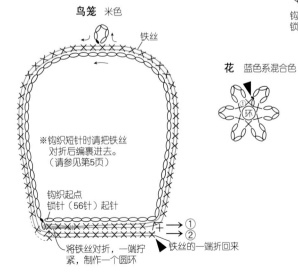

铁丝

※钩织短针时请把铁丝对折后编裹进去。（请参见第5页）

钩织起点
锁针（56针）起针

将铁丝对折，一端拧紧，制作一个圆环

铁丝的一端折回来
①
②

花 蓝色系混合色

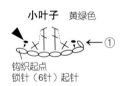

①
环

整理方法

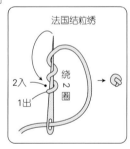

正面
翅膀
串珠
花
叶子
7cm
6cm

①将2片鸟身对齐，中间塞入同色线，边缘进行卷针缝，最后缝上串珠作为眼睛。

②将翅膀缝合到鸟身上，将叶子缝合到鸟笼上。

③在花的中心用同色线绣法国结粒绣（绕2圈），并将花固定到叶子上。

反面
④缝上别针。
小叶子
（反面）
叶子

31

作品…第33页

OLYMPUS 丝绸&亚麻&雪纺/紫色
(6)…3克,浅绿色(4)…2克;COTTON
CUORE/浅茶色(3)、紫红色(8)…各
1克;COTTON NOVIA<VARIE>/青紫色
(12)…2克
别针(9–11–1 银灰色)…1个
填充棉…少许
钩针3/0号、4/0号

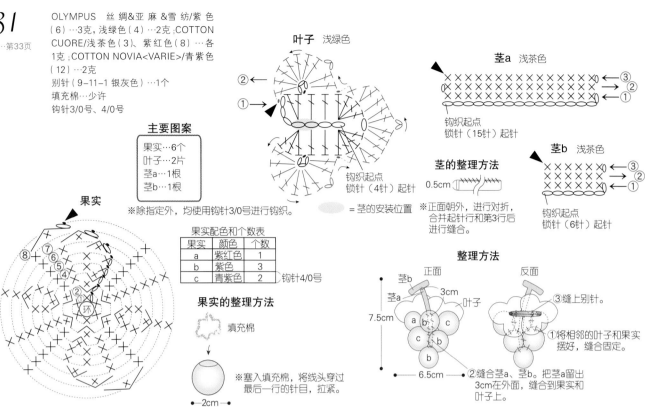

叶子 浅绿色

② ←
① →

钩织起点
锁针(4针)起针

茎a 浅茶色

③ ←
② →
① ←

钩织起点
锁针(15针)起针

茎b 浅茶色

③ ←
② →
① ←

钩织起点
锁针(6针)起针

= 茎的安装位置

主要图案

果实…6个
叶子…2片
茎a…1根
茎b…1根

※除指定外,均使用钩针3/0号进行钩织。

茎的整理方法

0.5cm

※正面朝外,进行对折,
合并起针行和第3行后
进行缝合。

果实

⑧ ⑦ ⑥
⑤
④
③
② 环

果实配色和个数表

果实	颜色	个数
a	紫红色	1
b	紫色	3
c	青紫色	2

钩针4/0号

果实的整理方法

填充棉

↓

※塞入填充棉,将线头穿过
最后一行的针目,拉紧。

←2cm

整理方法

正面
茎b
茎a
3cm
叶子
7.5cm
a b c
c
b
6.5cm

反面
③缝上别针。

①将相邻的叶子和果实
摆好,缝合固定。

②缝合茎a、茎b。把茎a留出
3cm在外面,缝合到果实和
叶子上。

32

作品…第33页

OLYMPUS EMMY GRANDE/紫色(676)…4克,
苔藓绿色(288)、红茶色(778)…各2克,浅茶色
(736)…1克;EMMY GRANDE<COLORS>/浅紫
色(675)…2克
别针(9–11–1 银灰色)…1个
填充棉…少许
花艺用铁丝(#26)…约12cm长
蕾丝针0号

主要图案

果实…8个
叶子…1片
茎a…1根
葡萄藤…1根

果实配色和个数表

果实	颜色	个数
a	紫色	4
b	浅紫色	2
c	红茶色	2

葡萄藤 苔藓绿色

× × × × × ← ①

约9cm(30针) ← 钩织起点

※钩织1针立起的锁针时,将有圆环的
铁丝编裹进去,再进行短针钩织。
(请参见第5页。不用钩织锁针起针,直接编裹进铁丝)

(铁丝环的制作方法)

将铁丝的一端折弯,拧
紧铁丝头,制作一个小
圆环。

果实 苔藓绿色
叶子 苔藓绿色 } 各自的「钩织方法、整理方法请参见31。」
茎a 浅茶色

整理方法

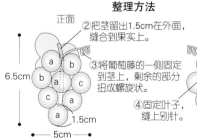

正面
②把茎留出1.5cm在外面,
缝合到果实上。

a b
b
c
c
a
1.5cm

5cm

反面
③将葡萄藤的一侧固定
到茎上,剩余的部分
扭成螺旋状。

①将相邻的果实
缝合固定。

④固定叶子,
缝上别针。

6.5cm

33

作品…第33页

OLYMPUS COTTON CUORE/黄绿色(4)…6克,
浅茶色(3)…1克;丝绸&亚麻&雪纺/浅绿色(4)…
1克
别针(9–11–1 银灰色)…1个
填充棉…少许
钩针3/0号

主要图案

果实…6个
叶子…1片
茎a…1根

果实 黄绿色
叶子 浅绿色 } 各自的「钩织方法、整理方法请参见31。」
茎a 浅茶色

整理方法

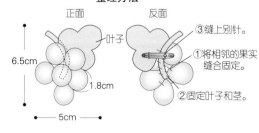

正面
叶子

6.5cm

1.8cm

5cm

反面
③缝上别针。

①将相邻的果实
缝合固定。

②固定叶子和茎。

Mini rose 迷你玫瑰

用迷你玫瑰装点的胸花，
撩动了你的少女心。
让人想起玫瑰的甘甜芳香，
营造出浪漫的氛围。

钩织方法…34 – 第38页　35 – 第57页　36 – 第39页
设计…今村曜子

34

35

36

37

38

佩戴到衣服上，让你更添几分精致！ 钩织方法…37 – 第39页 38 – 第38页

藤久　WISTER CORUPOPO/婴儿粉色（46）、珊瑚粉
色（47）、黄绿色（51）…各1克
别针（9–11–1 银灰色）…1个
花艺用铁丝（#2）…约25cm长
钩针2/0号

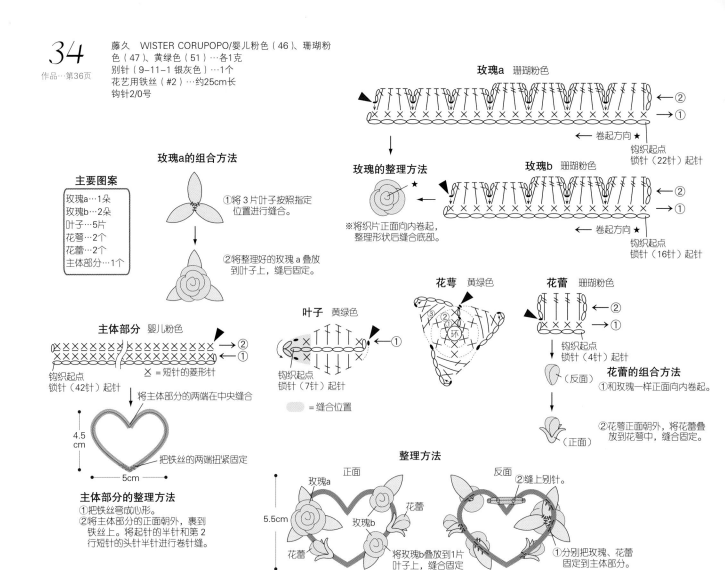

主要图案

玫瑰a…1朵
玫瑰b…2朵
叶子…5片
花萼…2个
花蕾…2个
主体部分…1个

玫瑰a　珊瑚粉色

②
①
←卷起方向★
钩织起点
锁针（22针）起针

玫瑰a的组合方法

①将 3 片叶子按照指定位置进行缝合。

②将整理好的玫瑰 a 叠放到叶子上，缝后固定。

玫瑰的整理方法

※将钩织片正面向内卷起，整理形状后缝合底部。

玫瑰b　珊瑚粉色

②
①
←卷起方向★
钩织起点
锁针（16针）起针

花萼　黄绿色

环

花蕾　珊瑚粉色

②
①
钩织起点
锁针（4针）起针

花蕾的组合方法

①和玫瑰一样正面向内卷起。

②花萼正面朝外，将花蕾叠放到花萼中，缝合固定。

（反面）

（正面）

主体部分　婴儿粉色

②
①
钩织起点
锁针（42针）起针
× = 短针的菱形针

将主体部分的两端在中央缝合

4.5 cm
5cm
把铁丝的两端扭紧固定

主体部分的整理方法

①把铁丝弯成心形。
②将主体部分的正面朝外，裹到铁丝上。将起针的半针和第 2 行短针的头针半针进行卷针缝。

叶子　黄绿色

②
①
钩织起点
锁针（7针）起针

= 缝合位置

整理方法

正面
玫瑰a
玫瑰b
花蕾
玫瑰b
花蕾
5.5cm
7cm
将玫瑰b叠放到1片叶子上，缝合固定。

反面
②缝上别针
①分别把玫瑰、花蕾固定到主体部分。

OLYMPUS　COTTON CUORE/本白色（13）、黄绿色（4）…各6克
别针（9–11–2 银灰色）…1个
钩针2/0号

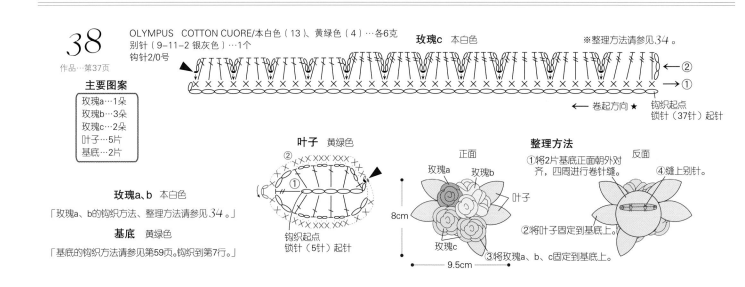

主要图案

玫瑰a…1朵
玫瑰b…3朵
玫瑰c…2朵
叶子…5片
基底…2片

玫瑰a、b　本白色

「玫瑰a、b的钩织方法、整理方法请参见34。」

基底　黄绿色

「基底的钩织方法请参见第59页。钩织到第7行。」

玫瑰c　本白色
※整理方法请参见34。

②
①
←卷起方向★
钩织起点
锁针（37针）起针

叶子　黄绿色

②
①
钩织起点
锁针（5针）起针

整理方法

①将2片基底正面朝外对齐，四周进行卷针缝。

正面
玫瑰a
玫瑰b
叶子
8cm
玫瑰c
9.5cm

反面
④缝上别针
②将叶子固定到基底上。
③将玫瑰a、b、c固定到基底上。

36

作品…第36页

HAMANAKA KORPOKKUR/绿色（12）…7克，红色（7）…5克
别针（9-11-1 银灰色）…1个
钩针4/0号

主要图案

| 玫瑰…3朵 |
| 花蕾…5个 |
| 叶子…6片 |
| 花萼…5个 |
| 茎a、b…各1根 |
| 基底…2片 |

花蕾 红色

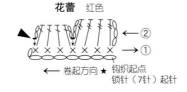

← 卷起方向 ★ 钩织起点
锁针（7针）起针

茎 （罗纹绳）绿色

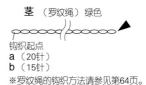

钩织起点
a （20针）
b （15针）
※罗纹绳的钩织方法请参见第64页。

玫瑰 红色

「玫瑰的钩织方法、整理方法请参见第38页的34的玫瑰a。」

叶子 绿色

「叶子的钩织方法请参见第38页的34。」

花萼 绿色

「花萼的钩织方法请参见第38页的34。」

花蕾的组合方法

「花蕾的组合方法请参见第38页的34。」

基底 绿色 2片

「基底的钩织方法请参见第59页。钩织到第6行。」

整理方法

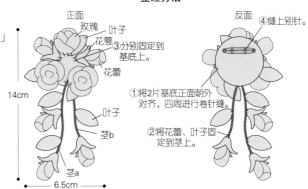

③分别固定到基底上。
④缝上别针。

①将2片基底正面朝外对齐，四周进行卷针缝。
②将花蕾、叶子固定到茎上。

37

作品…第37页

OLYMPUS COTTON CUORE/粉色（14）…4克，深棕色（10）…3克；EMMY GRANDE<COLORS>/本白色（804）…3克
别针（9-11-1 银灰色）…1个
钩针2/0号

主要图案

| 玫瑰…5朵 |
| 基底…1片 |

玫瑰 粉色

「玫瑰的钩织方法、整理方法请参见第57页的35。」
※钩织到第2行。不钩织第3行的引拔针。

整理方法

①将5朵玫瑰固定到基底上。

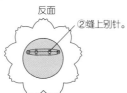

②缝上别针。

基底

边缘钩织

环

= 长针2针的枣形针
= 深棕色
= 本白色

基底的钩织方法

①用深棕色钩织到第6行，钩织2片。
②把2片正面朝外对齐、重合到第6行时，将内侧的半针挑起进行卷针缝。
③边缘钩织（本白色）：挑起被翻到正面的第6行剩下的靠近身体一侧的半针，钩织3行。

39

Hydrangea 绣球花

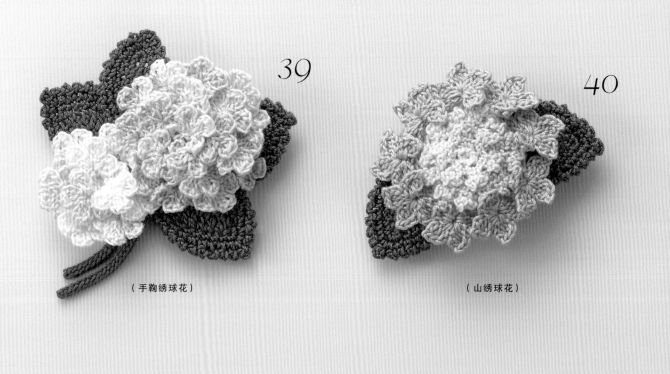

39

40

（手鞠绣球花）

（山绣球花）

在雨季，色彩鲜艳的绣球花让人赏心悦目。
使用渐变色线钩织，完美呈现了花瓣微妙的色调差异。

钩织方法···39 – 第 42 页　40 – 第 59 页
设计···冈真理子

帽子上盛开的绣球花让心
情也跟着明朗起来……

Camellia 山茶花

41

42

深红色和纯白色的山茶花，
非常适合成熟简洁的装扮。
不论是搭配洋装，还是搭配和服都非常棒！

钩织方法…第43页
设计…冈真理子

穿大衣时，随意佩戴到胸前，更添几分女人味。

39

OLYMPUS EMMY GRANDE<MIX>/紫色系混合色（M3）…4克，绿色系混合色（M3）…2克；
EMMY GRANDE/绿色（238）…3克
别针（9–11–2 银灰色）…1个
填充棉…少许
钩针2/0号

绣球花A的钩织顺序
①钩织到绣球花A反面（基底）的第5行＝a。
②钩织到绣球花A正面的第5行（　　部分）＝b（不要剪断线）。
③把a和b正面朝外对齐，塞入少许填充棉，合并钩织第6行（　　部分）。
④看着b面钩织第7行。此时挑起第6行的针目钩织1圈。然后继续钩织4针锁针，挑起第3行靠近身体一侧的半针钩织第8行，再继续挑起第1行靠近身体一侧的半针钩织第9行。

绣球花B的钩织顺序
①钩织到绣球花B反面（基底）的第3行＝a。
②钩织到绣球花B正面的第3行（　　部分）＝b（不要剪断线）。
③将a和b正面朝外对齐，塞入少许填充棉，合并钩织第4行（　　部分）。
④看着b面钩织第5行。此时挑起第4行的针目钩织1圈。然后继续钩织4针锁针，挑起第1行靠近身体一侧的半针钩织第6行。

绣球花A的正面
紫色系混合色

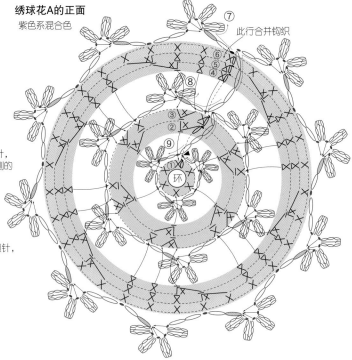

X ＝ 短针的条纹针

绣球花B的正面
绿色系混合色

　　　＝此处钩织引拔针

绣球花A的反面（和基底相同）
紫色系混合色
「基底的钩织方法请参见第59页。
钩织到第5行。」

绣球花B的反面（和基底相同）
绿色系混合色
「基底的钩织方法请参见第59页。
钩织到第3行。」

主要图案

绣球花A的正面…1片
绣球花A的反面（基底）…1片
绣球花B的正面…1片
绣球花B的反面（基底）…1片
叶子A、叶子A'、叶子B、叶子B'…各1片

　　　＝此处钩织引拔针

叶子 A、A' 绿色
钩织起点
锁针（11针）
起针
　　　＝ X X
锁针（25针）
茎
A
A'
①

叶子 B、B' 绿色
钩织起点
锁针（8针）
起针
　　　＝ X X
锁针（25针）
茎
B
B'
①

整理方法

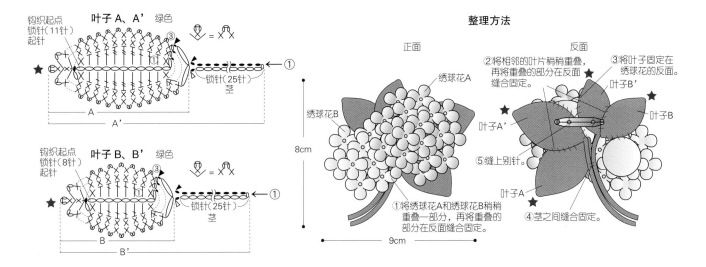

正面
绣球花A
绣球花B
8cm
9cm
①将绣球花A和绣球花B稍稍重叠一部分，再将重叠的部分在反面缝合固定。

反面
②将相邻的叶片稍稍重叠，再将重叠的部分在反面缝合固定。
③将叶子固定在绣球花的反面。
叶子B'
叶子B
⑤缝上别针。
叶子A'
叶子A
④茎之间缝合固定。

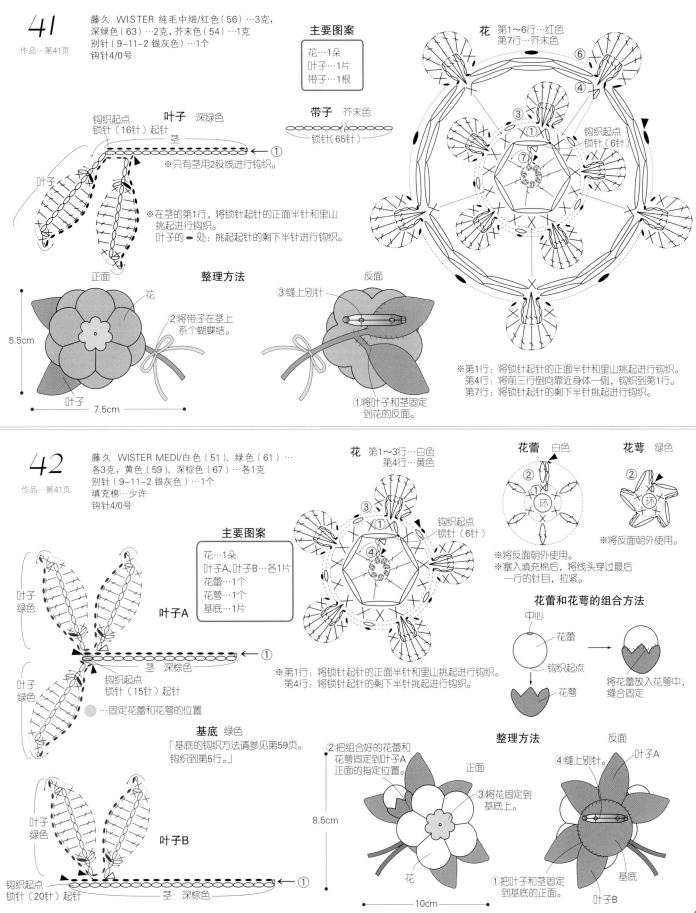

41
作品…第41页

藤久 WISTER 纯毛中细/红色（56）…3克，
深绿色（63）…2克，芥末色（54）…1克
别针（9-11-2 银灰色）…1个
钩针4/0号

主要图案
| 花…1朵 |
| 叶子…1片 |
| 带子…1根 |

叶子 深绿色
钩织起点
锁针（16针）起针
茎
叶子
←①
※只有茎用2股线进行钩织。

※在茎的第1行，将锁针起针的正面半针和里山
挑起进行钩织。
叶子的●处：挑起起针的剩下半针进行钩织。

带子 芥末色
锁针（65针）

花 第1~6行…红色
第7行…芥末色
钩织起点
锁针（6针）

正面
花
5.5cm
叶子
7.5cm

整理方法

②将带子在茎上
系个蝴蝶结。

③缝上别针
反面

①将叶子和茎固定
到花的反面。

※第1行：将锁针起针的正面半针和里山挑起进行钩织。
第4行：将前三行倒向靠近身体一侧，钩织到第1行。
第7行：将锁针起针的剩下半针挑起进行钩织。

42
作品…第41页

藤久 WISTER MEDI/白色（51）、绿色（61）…
各3克，黄色（59）、深棕色（67）…各1克
别针（9-11-2 银灰色）…1个
填充棉…少许
钩针4/0号

花 第1~3行…白色
第4行…黄色
钩织起点
锁针（6针）

花蕾 白色
环

花萼 绿色
环
※将反面朝外使用。

※将反面朝外使用。
※塞入填充棉后，将线头穿过最后
一行的针目，拉紧。

主要图案
| 花…1朵 |
| 叶子A、叶子B…各1片 |
| 花蕾…1个 |
| 花萼…1个 |
| 基底…1片 |

叶子A
叶子绿色
叶子绿色
茎 深棕色
钩织起点
锁针（15针）起针
●…固定花蕾和花萼的位置

※第1行：将锁针起针的正面半针和里山挑起进行钩织。
第4行：将锁针起针的剩下半针挑起进行钩织。

花蕾和花萼的组合方法
中心
花蕾
钩织起点
花萼
将花蕾放入花萼中，
缝合固定

基底 绿色
「基底的钩织方法请参见第59页。
钩织到第5行。」

叶子B
叶子绿色
叶子绿色
钩织起点
锁针（20针）起针
茎 深棕色
←①

②把组合好的花蕾和
花萼固定到叶子A
正面的指定位置。

③将花固定到
基底上。

8.5cm
正面
花

整理方法
反面
叶子A
④缝上别针。

①把叶子和茎固定
到基底的正面。

基底
叶子B

10cm

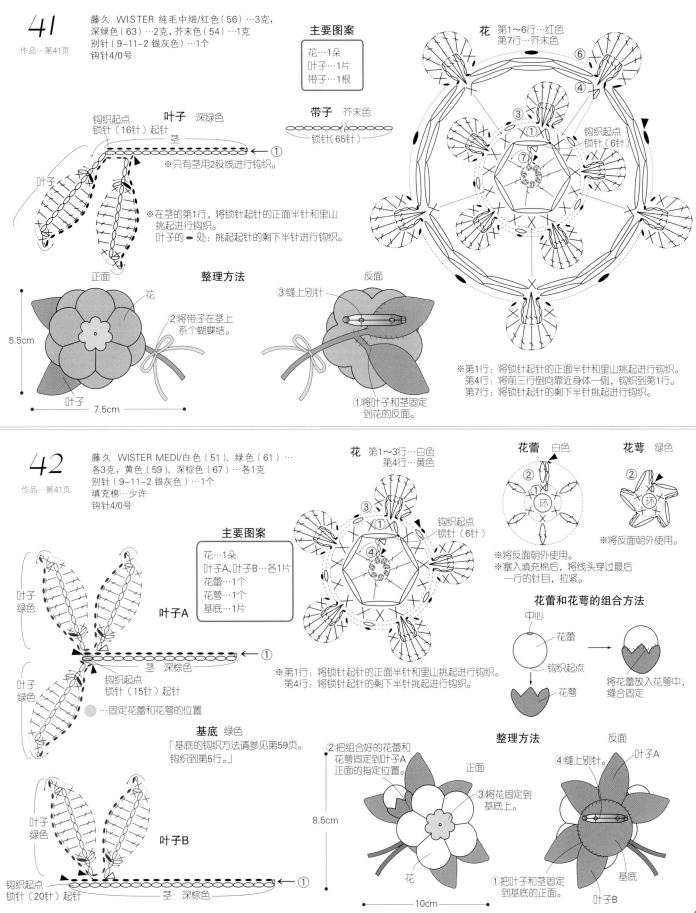

Irish motif 爱尔兰风图案

爱尔兰风图案的特点是用重叠的花瓣、凹凸有致的叶子来表现植物的立体感。

自由组合花、叶子和果实，试着制作独一无二的原创胸花吧。

钩织方法…43、44、45 – 第46页　46、47 – 第47页
设计…河合真弓

43

44

45

46

47

浅米色的优雅胸花非常适合装点在皮包上。

43

作品…第44页
要点详解…第7页

OLYMPUS　EMMY GRANDE<HERBS>/
浅米色（732）…7克
别针（9-11-2 银灰色）…1个
蕾丝针0号

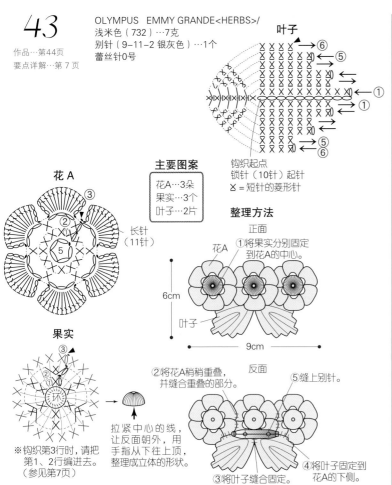

叶子

钩织起点
锁针（10针）起针
⊠ = 短针的菱形针

主要图案

花A…3朵
果实…3个
叶子…2片

花 A

长针
（11针）

果实

※钩织第3行时，请把
第1、2行编进去。
（参见第7页）

拉紧中心的线，
让反面朝外，用
手指从下往上顶，
整理成立体的形状。

整理方法

正面

花A

叶子

6cm

9cm

①将果实分别固定
到花A的中心。

②将花A稍稍重叠，
并缝合重叠的部分。

反面

⑤缝上别针。

③将叶子缝合固定。

④将叶子固定到
花A的下侧。

45

作品…第44页
要点详解…第7页

OLYMPUS　EMMY GRANDE<HERBS>/
浅 米 色（732）、米色（721）…各2克；
EMMY GRANDE/本白色（851）…1克
别针（9-11-2 银灰色）…1个
蕾丝针0号

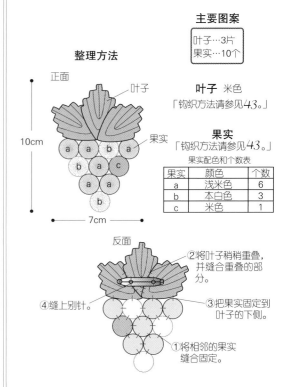

主要图案

叶子…3片
果实…10个

整理方法

正面

叶子

果实

10cm

7cm

叶子 米色
「钩织方法请参见43。」

果实
「钩织方法请参见43。」

果实配色和个数表

果实	颜色	个数
a	浅米色	6
b	本白色	3
c	米色	1

反面

②将叶子稍稍重叠，
并缝合重叠的部
分。

④缝上别针。

③把果实固定到
叶子的下侧。

①将相邻的果实
缝合固定。

44

作品…第44页
要点详解…第5页

OLYMPUS　EMMY GRANDE/本白色（851）…4克
别针（9-11-2 银灰色）…1个
花艺用铁丝（#30）…约36cm长
蕾丝针0号

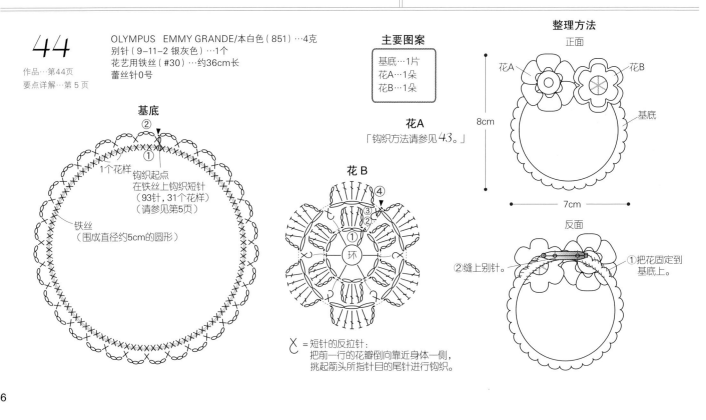

基底

1个花样

钩织起点
在铁丝上钩织短针
（93针，31个花样）
（请参见第5页）

②

①

铁丝
（围成直径约5cm的圆形）

主要图案

基底…1片
花A…1朵
花B…1朵

花A
「钩织方法请参见43。」

花 B

⊠ =短针的反拉针：
把前一行的花瓣倒向靠近身体一侧，
挑起箭头所指针目的尾针进行钩织。

整理方法

正面

花A

花B

基底

8cm

7cm

反面

②缝上别针。

①把花固定到
基底上。

46

46

OLYMPUS　EMMY GRANDE/本
白色（851）…9克
别针（9-11-2 银灰色）…1个
蕾丝针0号

作品…第44页
要点详解…第 7 页

基底

「基底的钩织方法请参见第59页。钩织到第8行。」

主要图案

叶子…2片
果实…2个
花A…1朵
花B…1朵
花C…1朵
基底…1片

花A

「钩织方法请参见第46页的43。」

花B

「钩织方法请参见第46页的44。」

果实

「钩织方法请参见第46页的43。」

叶子

「钩织方法请参见第46页的43。」

花C

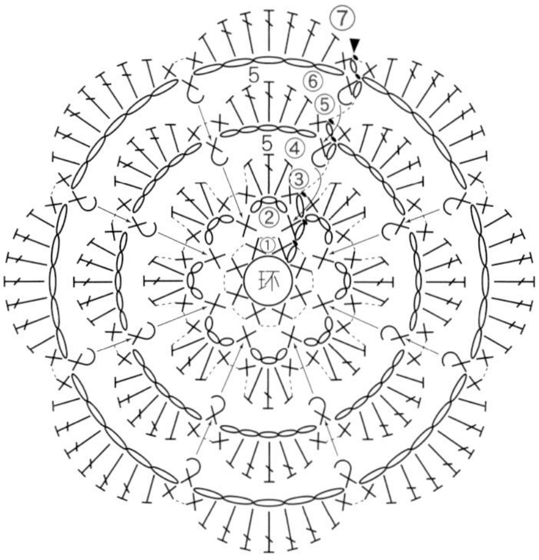

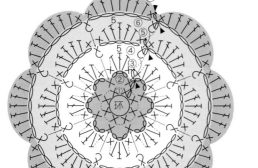

⑦
⑥
⑤
④
③
②
①
5
5
环

☌ = 短针的反拉针：
把前一行的花瓣倒向靠近身体一侧，
挑起箭头所指针目的尾针进行钩织。

整理方法

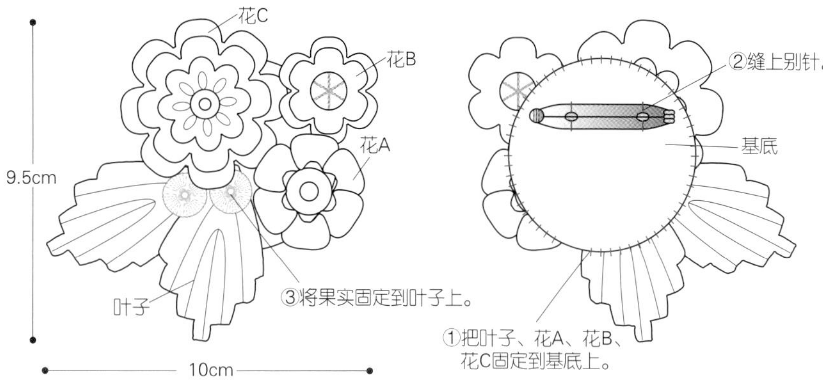

正面
反面
花C
花B
花A
9.5cm
叶子
③将果实固定到叶子上。
10cm
②缝上别针。
基底
①把叶子、花A、花B、
花C固定到基底上。

47

OLYMPUS　EMMY GRANDE<HERBS>/米色（721）…7克，浅米色（732）…3克；
EMMY GRANDE/本白色（851）…2克
别针（9-11-2 银灰色）…1个
蕾丝针0号

作品…第44页

藤蔓　米色

①
钩织起点
锁针（18针）起针

主要图案

花C…3朵
藤蔓…3根
基底…1片

基底　米色

「基底的钩织方法请参见第59页。钩织到第7行。」

花C

⑦
⑥
⑤
④
③
②
①
5
5
环

☌ = 短针的反拉针：
把前一行的花瓣倒向靠近身体一侧，挑起箭头所指针目的尾针进行钩织。

花C配色表

行数	颜色
7	米色
5、6	浅米色
3、4	本白色
1、2	米色

整理方法

正面
反面
花C
11.5cm
藤蔓
8.5cm
③缝上别针。
①将花C缝合
到基底上。
基底
②将藤蔓缝合
到基底上。

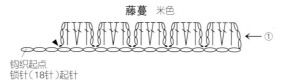

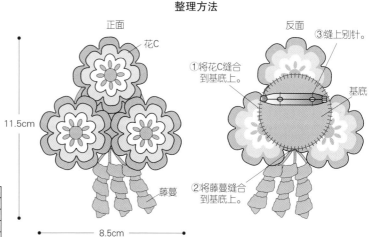

Natural yarn 天然材料

48

49

（亚麻线）

（用环保纤维尼龙线钩织的向日葵）

用非常受欢迎的天然线材亚麻线和环保纤维尼龙
线进行钩织。
轻巧的胸花非常适合夏天。
选择与耀眼的阳光相辉映的明亮色彩吧。

钩织方法…第50页
设计…今村曜子

瞬间吸引人注目的红色小花，
是这款草帽上的亮点。

Sparkling yarn 亮闪闪的材料

50

51

（添加了亮片的环保纤维尼龙线）

（添加了亮片的线、金色线和人造毛）

使用添加了亮片的线、金色线和人造毛钩织
的胸花，充满了华丽富贵感。
在钩织时尽情去感受素材的魅力吧！

钩织方法…第 51 页
设计…今村曜子

戴上闪耀的胸花，
给暗色调的寒冬添上一抹亮色。

48

作品…第48页

HAMANAKA 亚麻线<亚麻>/
绿色（9）…9克,红色（7）…6克,
黄色（4）…2克
别针（9–11–1 银灰色）…1个
钩针4/0

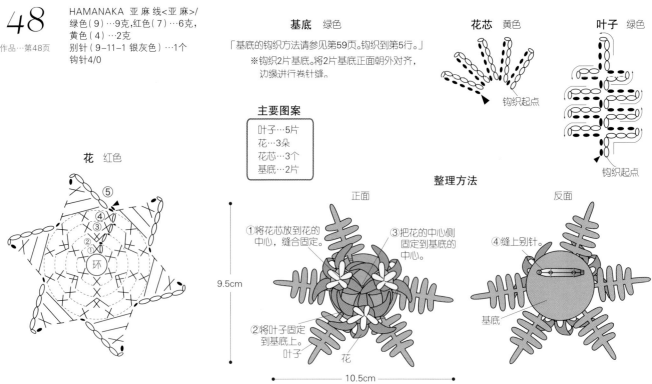

基底 绿色

「基底的钩织方法请参见第59页。钩织到第5行。」
※钩织2片基底。将2片基底正面朝外对齐,
边缘进行卷针缝。

花芯 黄色

钩织起点

叶子 绿色

钩织起点

主要图案

叶子	5片
花	3朵
花芯	3个
基底	2片

花 红色

⑤ ④ ③ ② ① 环

整理方法

正面

①将花芯放到花的中心,缝合固定。

③把花的中心侧固定到基底的中心。

②将叶子固定到基底上。

叶子 花

9.5cm

反面

④缝上别针。

基底

10.5cm

49

作品…第48页

HAMANAKA ECO–ANDARIA<RAFFI>/
黄色（602）…4克,深棕色（609）…6克,
黄绿色（605）…1克
别针（9–11–1 银灰色）…1个
钩针4/0号

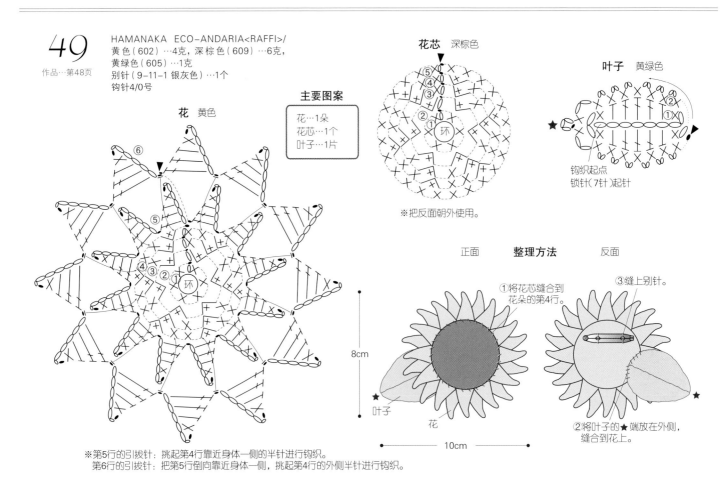

花芯 深棕色

⑤ ④ ③ ② ① 环

※把反面朝外使用。

叶子 黄绿色

钩织起点
锁针（7针）起针

主要图案

花	1朵
花芯	1个
叶子	1片

花 黄色

⑥ ⑤ ④ ③ ② ① 环

整理方法

正面

①将花芯缝合到花朵的第4行。

8cm

反面

③缝上别针。

叶子 花

②将叶子的★端放在外侧,缝合到花上。

10cm

※第5行的引拔针：挑起第4行靠近身体一侧的半针进行钩织。
第6行的引拔针：把第5行倒向靠近身体一侧,挑起第4行的外侧半针进行钩织。

50

作品…第49页

HAMANAKA ECO-ANDARIA
<SPAN>/本白色（带金色亮片）
（707）…6克
别针（9-11-1 银灰色）…1个
钩针5/0号

花瓣

钩织起点
锁针（6针）起针

X = 短针的菱形针

将★端聚拢，相邻的
花瓣缝合固定。

主要图案

花瓣…5片
花芯…1个
花蕊…1个
基底…1片

花芯

基底

「基底的钩织方法请参见第59页。钩织到第3行。」

花蕊

10

钩织起点

整理方法

正面

①将花蕊的♥部位缝
合到花瓣的中心。

花瓣

②将花芯固定到
花的中心。

8.5cm

反面

④缝上别针。

③将基底固定到
花瓣的反面。

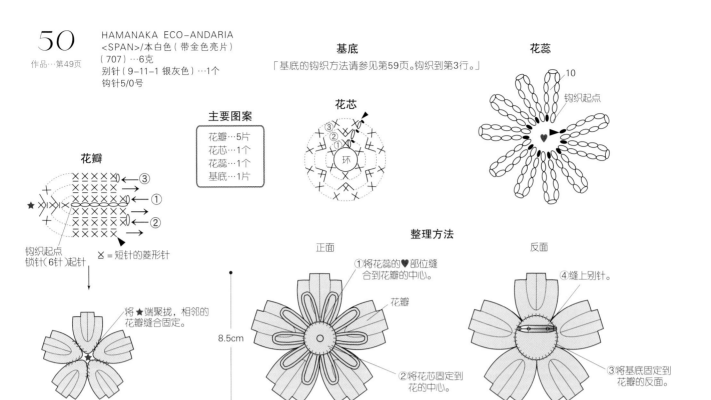

51

作品…第49页

HAMANAKA SPAN TEAR/米色（带
金色亮片）（2）…3克；EMPEROR/
金色（3）…2克；LUPO/浅茶色（人
造毛）（3）…1克
别针（9-11-1 银灰色）…1个
钩针4/0号、6/0号

装饰条 金色 钩针4/0号

钩织起点
锁针（40针）起针

基底 米色 钩针4/0号

「基底的钩织方法请参见第59页。钩织到第5行。」

花
钩针4/0号
第1~5行…米色
第6行…金色

= 第4行

毛球 浅茶色 钩针6/0号

※将反面朝外使用。

主要图案

装饰条…3根
花…1朵
基底…1片
毛球…1个

整理方法

正面

花

毛球

13cm

①将毛球固定到
花的中心。

③将装饰条固定
到基底边缘。

装饰条

8cm

反面

④缝上别针。

②将基底固定到
花的反面。

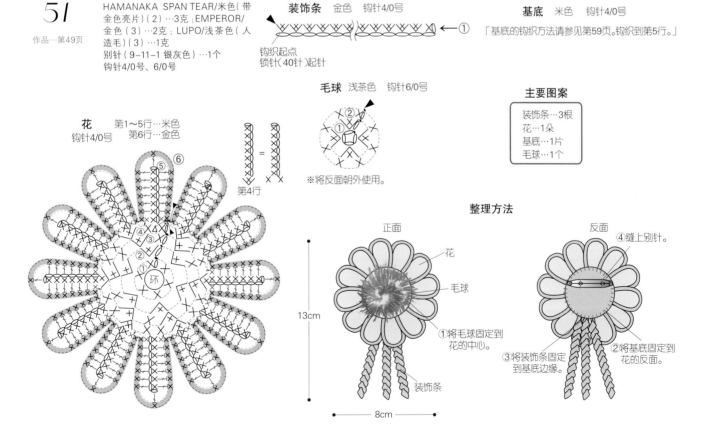

X'mas motif 圣诞节图案

直接佩戴在身上或作为礼品包装的装饰品都非常可爱。
让你在圣诞节感受到手工制作的温暖。

钩织方法…52、55 – 第 54 页　　53、54 – 第 55 页
设计…今村曜子

52

（松果）

53

（圣诞花环）

54

（一品红）

55

（刺桂）

装饰到精美的包装上，用礼物来传达你的心意吧。

52

作品…第52页

HAMANAKA KORPOKKUR/绿色（13）…2克；纯毛中细/茶色（35）…2克；EMPEROR/金色（3）…2克
别针（9–11–1 银灰色）…1个
填充棉…少许
钩针4/0号

主要图案

| 松果…1个 |
| 叶子…1片 |
| 基底…1片 |
| 蝴蝶结主体部分…1根 |
| 蝴蝶结系带…1根 |

叶子 绿色

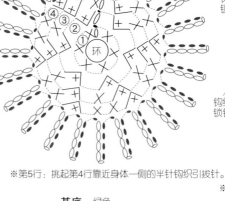

蝴蝶结系带 金色

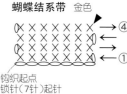

钩织起点
锁针（7针）起针

蝴蝶结主体部分 金色

钩织起点
锁针（70针）起针

蝴蝶结系带　蝴蝶结主体部分

反面

※系蝴蝶结，中心用系带缠绕包裹后，在反面缝合固定。

松果 茶色

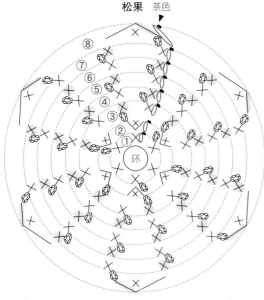

※第5行：挑起第4行靠近身体一侧的半针钩织引拔针。

基底 绿色

「基底的钩织方法请参见第59页。钩织到第4行。」

X =钩织这针短针时，请在前一行的装饰环中入针，然后挑起短针的针目进行钩织。

※将留下的长线头穿过最后一行的针目，塞入填充棉，拉紧。用剩余的线头钩织5针锁针。

锁针5针

整理方法

正面　　　　　　　　反面

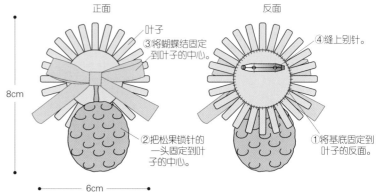

叶子
③将蝴蝶结固定到叶子的中心。
④缝上别针。
②把松果锁针的一头固定到叶子的中心。
①将基底固定到叶子的反面。

8cm
6cm

55

作品…第52页

HAMANAKA MOHAIR/红色（35）…1克；KORPOKKUR/绿色（13）…4克
别针（9–11–1 银灰色）…1个
钩针4/0号

主要图案

| 叶子…3片 |
| 果实…3个 |
| 基底…2片 |

基底 绿色

「基底的钩织方法请参见第59页。钩织到第5行。」
※钩织2片基底。将2片基底正面朝外对齐，边缘进行卷针缝。

叶子 绿色

缝合相邻的叶片

果实 红色

钩织起点
锁针（8针）起针

整理方法

正面　　　　　　　　反面

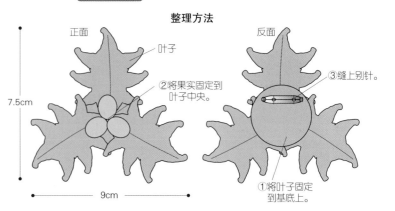

叶子
②将果实固定到叶子中央。
③缝上别针。
①将叶子固定到基底上。

7.5cm
9cm

54

53

作品…第52页

HAMANAKA KORPOKKUR/白色（1）、红色（7）、绿色（13）…各1克；EMPEROR/金色（3）…1克
别针（9-11-1银灰色）…1个
宽0.8cm的缎带（红色）…约20cm长
钩针4/0号、2/0号

花环

第1行…红色
第2行…白色 } 钩针4/0号
第3、4行…绿色
第5行…金色 钩针2/0号

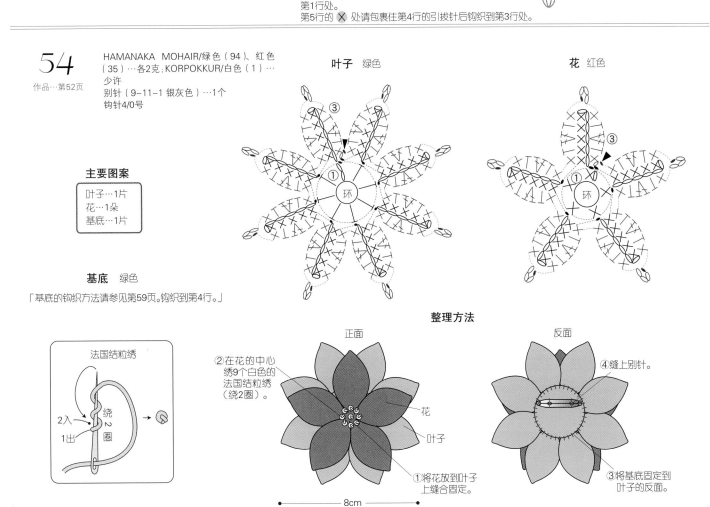

整理方法

正面

①将缎带系成蝴蝶结，缝合固定到花环上。

花环

6cm

反面

②缝上别针。

钩织起点
钩织（30针，10个花样）
用红色线制作10圈
直径2cm的圆形

※钩织第3行的短针时，请包裹住第2行的短针后钩织到第1行处。
第5行的 ✕ 处请包裹住第4行的引拔针后钩织到第3行处。

= 长针4针的爆米花针

54

作品…第52页

HAMANAKA MOHAIR/绿色（94）、红色（35）…各2克；KORPOKKUR/白色（1）…少许
别针（9-11-1 银灰色）…1个
钩针4/0号

叶子 绿色

花 红色

主要图案

叶子…1片
花…1朵
基底…1片

基底 绿色
「基底的钩织方法请参见第59页。钩织到第4行。」

法国结粒绣

2入
1出
绕2圈

整理方法

正面

②在花的中心绣9个白色的法国结粒绣（绕2圈）。

花
叶子

①将花放到叶子上缝合固定。

8cm

反面

④缝上别针。

③将基底固定到叶子的反面。

材料指南

1　EMMY GRANDE
100% 棉，50 克线团，约 218 米，45 色，998
日元；100 克线团，约 436 米，3 色，1890 日元，
蕾丝针 0 号 ~ 钩针 2/0 号

EMMY GRANDE<HERBS>
100% 棉，20 克线团，约 88 米，18 色，483 日元，
蕾丝针 0 号 ~ 钩针 2/0 号

EMMY GRANDE<COLORS>
100% 棉，10 克线团，约 44 米，26 色，263 日
元，蕾丝针 0 号 ~ 钩针 2/0 号

EMMY GRANDE<MIX>
100% 棉，25 克线团，约 109 米，3 色，609 日元，
蕾丝针 0 号 ~ 钩针 2/0 号

2　金票 #40 蕾丝线 <BOCOS>
100% 棉，10 克线团，约 89 米，13 色，315
日元；50 克线团，约 445 米，13 色，1155 日
元，蕾丝针 6 号 ~8 号

3　SOUFFLE< 细 >
100% 棉，25 克线团，约 123 米，9 色，483 日元，
钩针 3/0 号 ~4/0 号

4　COTTON CUORE
100% 棉（埃及棉），40 克线团，约 170 米，16 色，
819 日元，钩针 3/0 号 ~4/0 号

5　丝绸 & 亚麻 & 雪纺
55% 丝绸、45% 麻（亚麻），30 克线团，约 106 米，
10 色，1029 日元，钩针 3/0 号 ~4/0 号

6　COTTON NOVIA<VARIE>
100% 棉（埃及棉），30 克线团，约 97 米，14 色，
714 日元，钩针 4/0 号 ~5/0 号

7　TITI CROCHET
100% 棉（使用埃及棉 <GIZA>），40 克线团，
约 170 米，26 色，725 日元，钩针 2/0 号 ~3/0
号

8　水洗棉 <CROCHET>
64% 棉、36% 涤纶，25 克线团，约 104 米，
27 色，336 日元，钩针 3/0 号

9　FLAX-K
78% 麻（亚麻）、22% 棉，25 克线团，约 62 米，
13 色，410 日元，钩针 5/0 号

10　亚麻线 < 亚麻 >
100% 麻（亚麻），25 克线团，约 42 米，19 色，
410 日元，钩针 5/0 号

11　PASSAGE
76% 棉、24% 涤纶，25 克线团，约 150 米，8 色，
620 日元，钩针 3/0 号

12　EMPEROR
100% 人造丝（使用金箔线），25 克线团，约
170 米，9 色，620 日元，蕾丝针 0 号

13　ECO-ANDARIA<RAFFI>
100% 人造丝，40 克线团，约 84 米，21 色，
620 日元，钩针 5/0 号

14　ECO-ANDARIA<SPAN>
64% 人造丝、36% 涤纶，40 克线团，约 100 米，
7 色，830 日元，钩针 5/0 号 ~6/0 号

15　SPAN TEAR
68% 涤纶、13% 马海毛、10% 尼龙、9% 羊
毛，25 克线团，约 125 米，9 色，777 日元，钩
针 3/0 号

16　FOUR PLY
65% 腈纶、35% 羊毛（美利奴羊毛），50 克线团，
约 205 米，24 色，536 日元，钩针 3/0 号

17　HAMANAKA　纯毛中细
100% 羊毛，40 克线团，约 160 米，33 色，
452 日元，钩针 3/0 号

18　KORPOKKUR
40% 羊毛、30% 腈纶、30% 尼龙，25 克线团，
约 92 米，18 色，305 日元，钩针 3/0 号

19　EXCEED WOOL FL< 粗 >
100% 羊毛（使用超细美利奴羊毛），40 克线团，
约 120 米，34 色，578 日元，钩针 4/0 号

20　HAMANAKA　MOHAIR
65% 腈纶、35% 马海毛，25 克线团，约 100 米，
36 色，389 日元，钩针 4/0 号

21　WISTER 纯毛中细
100% 羊毛，30 克线团，约 120 米，15 色，399
日元，钩针 3/0 号

22　WISTER MEDI
100% 腈纶，25 克线团，约 90 米，20 色，263
日元，钩针 4/0 号

23　WISTER CORUPOPO
100% 腈纶，15 克线团，约 148 米，15 色，210
日元，钩针 2/0 号

24　WISTER MOHAIR
60% 腈纶、40% 马海毛，25 克线团，约 103 米，
16 色，389 日元，钩针 4/0 号

25　LUPO
65% 人造丝、35% 涤纶，40 克线团，约 38 米，
8 色，1029 日元，钩针 10/0 号

＊根据国际汇率计算，1 元人民币约合 17 日元。汇率仅供参考，交易时以银行柜台成交价为准。
＊由于印刷物的特殊性，线的颜色与实物可能会存在色差。
＊各种线的说明文字依次为材质、规格、线长、色数、价格、适合针。
＊ 1~6…OLYMPUS 制丝株式会社，7~20、25…HAMANAKA 株式会社，21~24……藤久株式会社
＊色数、价格（含税价格）是 2013 年 6 月的资料。

（实物等大图片）

35

OLYMPUS SOUFFLE<细>/玫瑰粉色（106）、
浅绿色（104）…各4克，本白色（102）…1克
别针（9-11-1 银灰色）…1个
填充棉…少许
钩针3/0号

作品…第36页

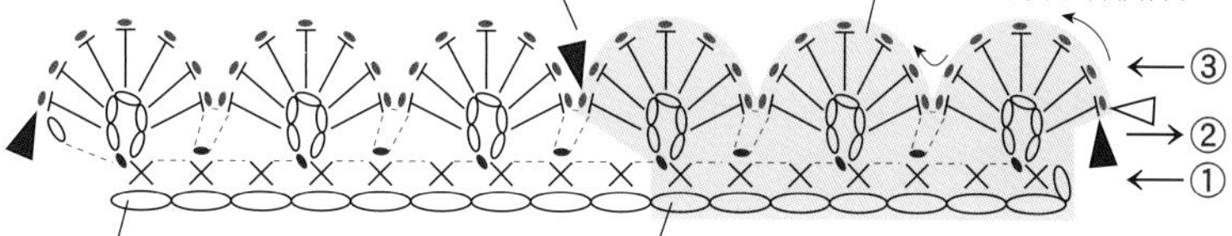

主要图案

玫瑰…3朵
叶子…5片
花蕾…1个
花萼…1个
大花萼…1个
基底正面…1片
基底反面…1片

叶子 }
花萼 } 浅绿色

「钩织方法请参见第38页的 34。」

玫瑰
花蕾钩织结束

花蕾

※花蕾第2行的钩织
起点和玫瑰一样
钩织1针锁针。

←③
←②
←②
←①

★ 卷起方向 →
玫瑰的钩织起点
锁针（16针）起针

花蕾的钩织起点
锁针（7针）起针

—— = 玫瑰粉色
—— = 本白色

大花萼 浅绿色
（玫瑰的花萼）

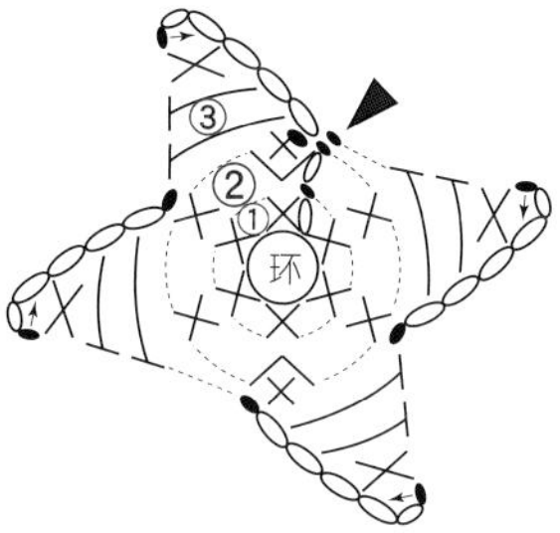

环

玫瑰的组合方法 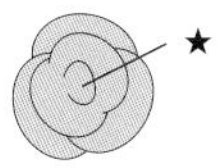
①将织片正面朝外卷起，
整理形状后缝合底部。

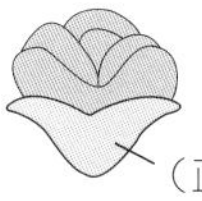

②将玫瑰叠放到大花萼中
（大花萼正面朝外），缝
合固定。
（正面）

※剩余的2朵玫瑰，分别固定3片、2片叶子。

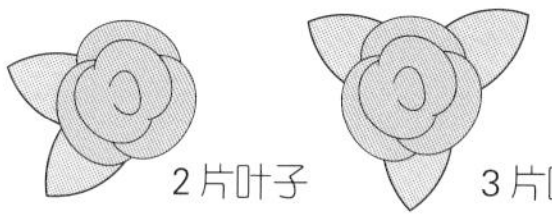

2片叶子   3片叶子

基底正面
浅绿色

环

※基底反面用浅绿色线钩织到第5行。

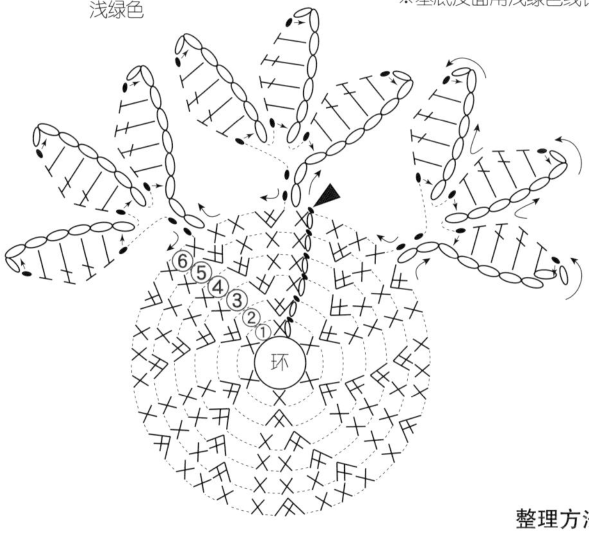

基底的整理方法

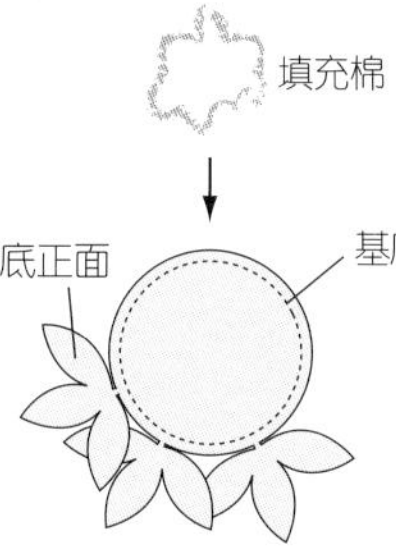

填充棉

基底正面   基底反面

※将2片基底正面朝外对齐，塞入
少量填充棉，边缘进行卷针缝。

整理方法

正面

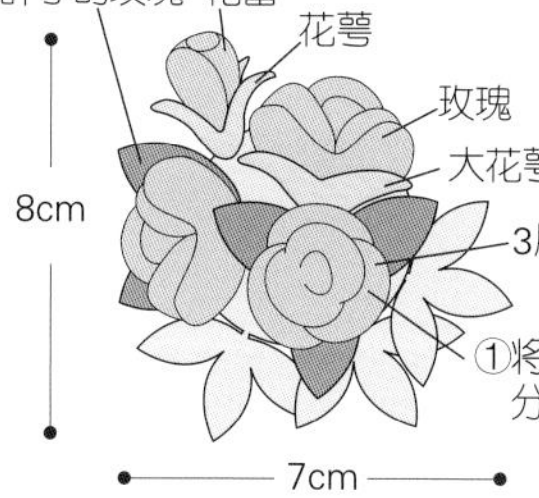

2片叶子的玫瑰 花蕾
花萼
玫瑰
大花萼
3片叶子的玫瑰

8cm

7cm

①将组合好的玫瑰、花蕾
分别固定到基底上。

反面

②缝上别针。

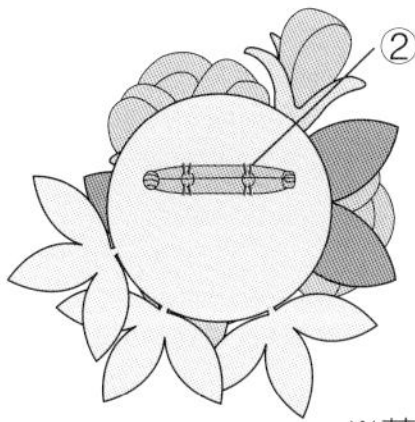

※花蕾、花萼的组合方法请参见第38页的 34。

24

作品…第28页
要点详解…第5页

OLYMPUS EMMY GRANDE/本白色（851）…
5克，苔藓绿色（288）…4克，黄色（521）…2克
别针（9-11-2 银灰色）…1个
花艺用铁丝（#30）…约12cm长，5条
填充棉…少许
蕾丝针0号

主要图案

雏菊	3朵
花蕾	1个
大花萼	4个
叶子b	1片
茎	4根
基底	1个

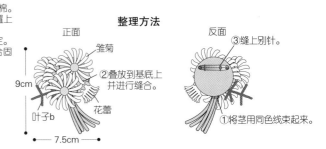

茎 苔藓绿色　铁丝

钩织起点
a （20针）起针
b （25针）起针
c （15针）起针

※只有a需要钩织2根。

※钩织短针时请把铁丝编裹进去。（请参见第5页）
铁丝环的制作方法请参见第30页的23。

雏菊　苔藓绿色
大花萼　苔藓绿色
叶子b　苔藓绿色 　各自的「钩织方法、组合方法请参见第30页的22、23。」

※雏菊的配色也与第30页的22相同。

基底　苔藓绿色
「基底的钩织方法请参见第59页。钩织到第6行。」

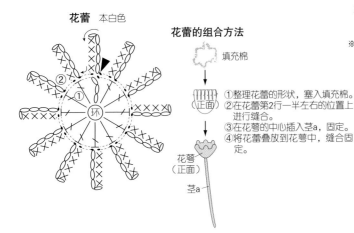

花蕾　本白色

花蕾的组合方法

填充棉
①整理花蕾的形状，塞入填充棉。
②在花蕾第2行一半左右的位置上进行缝合。
③在花萼的中心插入茎a，固定。
④将花蕾叠放到花萼中，缝合固定。

花萼（正面）
茎a

整理方法

正面
雏菊
②叠放到基底上并进行缝合。
9cm
叶子b
花蕾
7.5cm

反面
③缝上别针。
①将茎用同色线束起来。

30

作品…第32页

HAMANAKA FLAX-K/浅茶色（13）…3克；
水洗棉<CROCHET>/黄色（104）…3克，黄绿色（108）、紫红色（122）…各1克；TITI CROCHET/茶色（18）…少许
别针（9-11-1 银灰色）…1个
花艺用铁丝（#30）…约25cm长
圆形大串珠（黑色）…1个
钩针2/0号、5/0号

主要图案

鸟身	2片
翅膀	2片
鸟笼	1个
花	3朵
叶子	1朵

※除规定外，均用钩针2/0号进行钩织。

鸟身　黄色
翅膀　黄色
喙　茶色 　各自的「钩织方法请参见第34页的28。」

花　紫红色「钩织方法请参见第34页的29。」

鸟笼　浅茶色　钩针5/0号

铁丝

※钩织短针时请把铁丝对折后编裹进去。（请参见第5页）

将铁丝对折，一端拧紧，制作一个圆环

铁丝的一端折回来

钩织起点
锁针（3针）起针

叶子　黄绿色

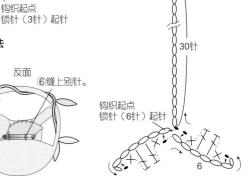

12针
30针

钩织起点
锁针（6针）起针

6

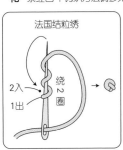

法国结粒绣

2入
1出
绕2圈

⑤将3朵花叠放在一起，并用同色线在中心绣法国结粒绣（绕2圈），再将花固定到鸟笼上。
①将2片鸟身对齐，中间塞入同色线，边缘进行卷针缝。最后缝上串珠作为眼睛。
②将翅膀缝合到鸟身上。
③将小鸟放到鸟笼中固定。
④将叶子缠绕鸟笼二三圈，固定几处。

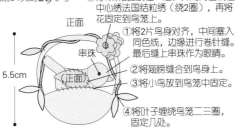

正面
串珠
5.5cm
正面
8cm

整理方法

反面
⑥缝上别针。

40

作品…第40页

OLYMPUS EMMY GRANDE<MIX>/紫色系
混合色（M3）…3克；EMMY GRANDE/绿
色（238）、蓝色（305）…各2克
别针（9-11-1 银灰色）…1个
填充棉…少许
钩针2/0号

绣球花的反面（和基底相同）
紫色系混合色

「基底的钩织方法请参见下图。
钩织到第6行。」

叶子 绿色

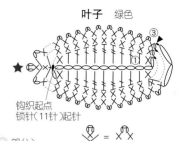

钩织起点
锁针（11针）起点

绣球花的正面
第1~7行…紫色系混合色
第8行…蓝色

绣球花的钩织顺序
①钩织到绣球花反面（基底）的第6行=a。
②钩织到绣球花正面的第6行=b（不要剪断线）。
③把a和b正面朝外对齐，塞入少许填充棉，合并钩织第7行（○部分）。
④看着b面钩织第8行。

（第8行）
= 这针引拔针插入下
的头针半针和尾针
1根线中引拔出

主要图案

绣球花的正面…1片
绣球花的反面（基底）…1片
叶子…2片

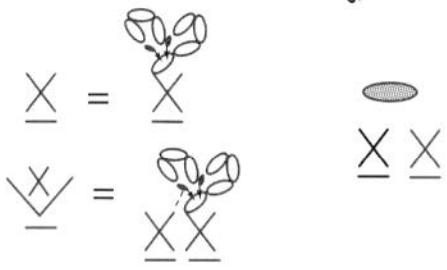

整理方法

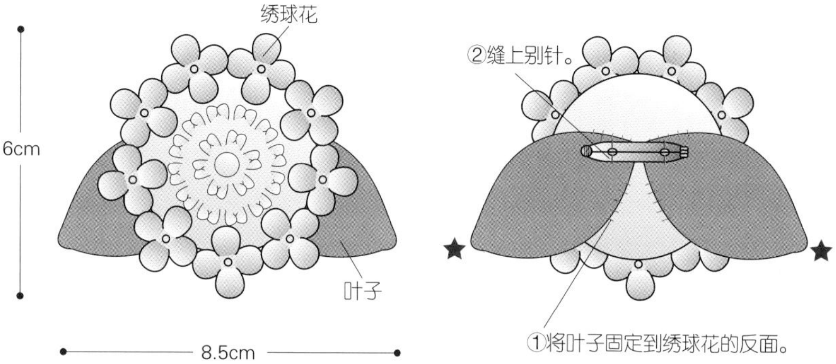

正面

绣球花

6cm

8.5cm

反面

②缝上别针。

①将叶子固定到绣球花的反面。

叶子

✕ = ✕

✖ = ✖

⬭ = 此外钩织引拔针

✕ ✕ = 短针的条纹针

基底
通用钩织图

※钩织指定的行数。

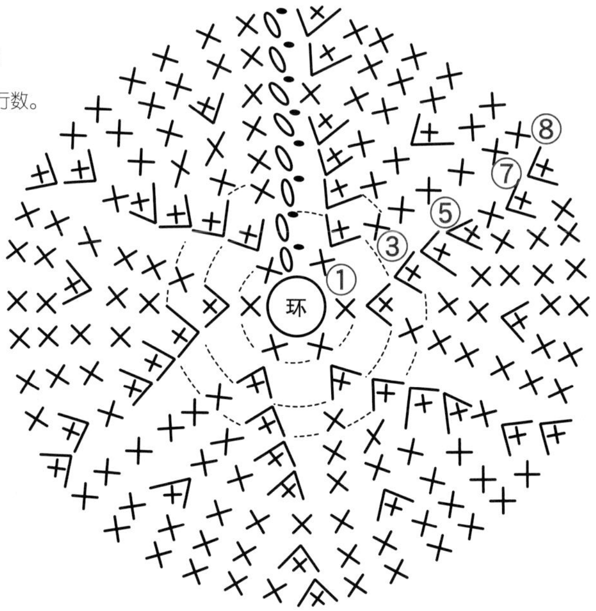

钩针编织基础

看符号图的方法 符号图都是以从正面所见来表示的，且全部使用日本工业规格（JIS）所规定的针法符号。钩针编织不分上针、下针（拉针除外），要交替看着正、反两面钩织的平针其表示符号也一样。

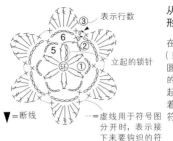

表示行数
立起的锁针
▼=断线
⋯虚线用于符号图分开时，表示接下来要钩织的符号图

从中心开始环形钩织时

在中心部分钩织一个环（或者锁针环），要像画圆一样逐行钩织。每行的起针处都是先钩织立起的锁针。一般都是看着织片的正面，再对照符号图从右往左钩织。

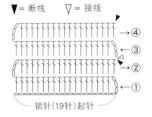

▼ = 断线　▽ = 接线

锁针（19针）起针
→④
→③
→②
→①

平针钩织时

其特点是左右轮流钩织立起的锁针。当在右侧钩织立起的锁针时，要看着织片的正面，对照符号图从右往左钩织。当在左侧钩织立起的锁针时，要看着织片的反面，对照符号图从左往右钩织。左图为从第3行换成配色线的符号图。

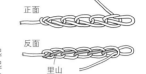

正面
反面
里山

看锁针的方法

锁针有正、反面之分。反面正中的一根渡线称为锁针的"里山"。

手握针线的方法

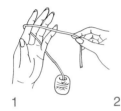
1 从左手的小指与无名指之间穿过线后，挂在食指上拉住线头。

2 用拇指与中指捏住线头，竖起食指将线架起。

3 用右手的拇指与食指握针，针头轻抵中指。

起基本针的方法

1 从线的内侧插入钩针，按照箭头所示方向转动针头。

2 再将线挂在针头上。

3 将挂线从钩针上的线圈中引出。

4 拉动线头，收紧线圈，就完成了基本针（这一针不计入针数）。

起针

从中心开始环形钩织时（用线头做圆环）

1 将线在左手的食指上绕2圈形成环。

2 将环从手指上脱出，在环中心插入钩针，挂线后引出。

3 再次挂线后引出，钩织1针立起的锁针。

引出的1针

4 钩织第1行时，在环中心插入钩针，挂线后引出，然后钩织所需针数的短针。

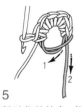
5 暂时将针抽出，拉动最开始的线圈的线（1）和线头（2），将环拉紧。

1
2

6 第1行要完成时，在最开始的短针的头针处入针，挂线后引出。

6
从中心开始环形钩织时（用锁针做圆环）

1 按所需针数钩织锁针，在最开始的锁针的半针处入针，挂线后引出，形成圆环。

2 再次在钩针上挂线后引出，钩织立起的锁针。

3 钩织第1行时，将钩针插入圆环中，将锁针成束挑起，钩织所需针数的短针。

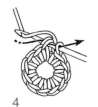
4 第1行要完成时，在最开始的短针的头针处入针，挂线后引出即可。

平针钩织时

1 钩织所需针数的锁针和立起的锁针，如图从一端的第2针锁针处入针，挂线后引出。

立起的1针锁针

2 在钩针上挂线，按照箭头所示方向引拔出线。

3 第1行完成的状态（立起的1针锁针不计入针数）。

挑起前一行针目的方法

即使是同一种枣形针，符号图不同，挑针的方法也会不同。如果符号图下方是闭合的，则要织入前一行的1个针目里；如果符号图下方是开放的，则要将前一行的锁针成束挑起再钩织。

织入1个针目里

1

2

将锁针成束挑起再钩织

1

2

钩织符号

锁针

1 钩织基本针后，在钩针上挂线。

2 引出挂线，完成1针锁针。

3 重复步骤1和步骤2，继续钩织。

5针

4 完成5针锁针。

引拔针

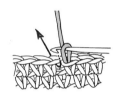

1 从前一行的针目中入针。

2 在钩针上挂线。

3 将线一次性引拔出。

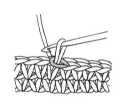

4 完成1针引拔针。

× 短针

1 从前一行的针目中入针。

2 在针上挂线，按照箭头所示从线圈中引拔出线（称为未完成的短针）。

3 再次在针上挂线，从钩针上2个线圈中一起引拔出线。

4 完成1针短针。

中长针

1 先在钩针上挂线，再从前一行的针目中入针。

2 再次在针上挂线后引出（称为未完成的中长针）。

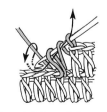

3 再次挂线，从钩针上3个线圈中一起引拔出线。

4 完成1针中长针。

 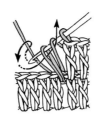  

长针

1 先在钩针上挂线，然后从前一行的针目中入针，再次挂线后引出。

2 按照箭头所示在针上挂线后，仅从钩针上2个线圈中引拔出线（称为未完成的长针）。

3 再次在针上挂线后，从钩针上剩余的2个线圈中按照箭头所示引拔出线。

4 完成1针长针。

 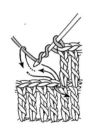  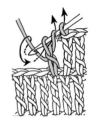 

长长针　　3卷长针

※ 括号内表示钩织 3 卷长针时的情况。

1 在钩针上绕线2（3）圈，从前一行的针目中入针，挂线后引出。

2 按照箭头所示在针上挂线，仅从钩针上2个线圈中引拔出线。

3 步骤2重复2（3）次。

4 完成1针长长针。

短针2针并1针

1 按照箭头所示从前一行的1针中入针，在针上挂线后引出。

2 下一针也按照相同方法挂线后引出。

3 在针上挂线，从钩针上3个线圈中一起引拔出线。

4 短针2针并1针完成。图为比前一行少1针的状态。

短针1针放2针

1 钩织1针短针。

2 在同一针目中再次入针，挂线后引出。

3 在针上挂线，从钩针上2个线圈中一起引拔出线。

4 在前一行的1针里织入了2针短针。图为比前一行多1针的状态。

短针1针放3针

1 钩织1针短针。

2 在同一针目中再次入针，挂线后引出，钩织短针。

3 在同一针目里再钩织1针短针。

4 在前一行的1针里织入了3针短针。图为比前一行多2针的状态。

锁针3针的狗牙拉针

1 钩织3针锁针。

2 在短针头针的半针和尾针1根线中入针。

3 在针上挂线，按照箭头所示一次性引拔出线。

4 完成锁针3针的狗牙拉针。

长针2针并1针

1 在前一行的1针里钩织1针未完成的长针，挂线后按照箭头所示在下一个针目中入针，再次挂线后引出。

2 在针上挂线，仅从钩针上2个线圈中引拔出线，钩织第2针未完成的长针。

3 在针上挂线，按照箭头所示从钩针上3个线圈中一起引拔出线。

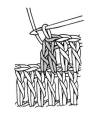
4 长针2针并1针完成。图为比前一行少1针的状态。

长针1针放2针

1 在前一行的针目里钩织1针长针，挂线后将钩针插入同一针目中，再次挂线后引出。

2 在针上挂线，从钩针上2个线圈中引拔出线。

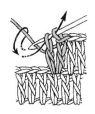
3 再次在针上挂线，从钩针上剩余的2个线圈中引拔出线。

4 在1针里织入了2针长针。图为比前一行多1针的状态。

长针3针的枣形针

1 在前一行的针目里钩织1针未完成的长针。

2 在同一针目中，继续钩织2针未完成的长针。

3 在针上挂线，从钩针上4个线圈中一起引拔出线。

4 完成长针3针的枣形针。

长针5针的爆米花针

1 在前一行的同一个针目里钩织5针长针，暂时脱针，再按照箭头所示重新入针。

2 按照箭头所示将线圈直接引拔穿出。

3 再钩织1针锁针，引拔拉紧线。

4 完成长针5针的爆米花针。

短针的条纹针

1 看着每行的正面钩织。按照箭头所示方向绕转一圈后钩织短针，从钩针上最开始的针目中引拔出。

2 钩织1针立起的锁针，将前一行外侧的半针挑起，钩织短针。

3 重复步骤2，继续钩织短针。

4 前一行剩下的内侧的半针连在一起形成了条纹的样子。图为钩织第3行短针的条纹针的状态。

短针的菱形针

1 按照箭头所示从前一行针目外侧的半针中入针。

2 钩织短针，下一针也同样从外侧的半针中入针。

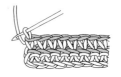

3 钩织完一行，要变换织片方向。

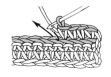

4 重复步骤1和步骤2，从外侧的半针中入针钩织短针。

短针的反拉针

1 按照箭头所示从前一行短针的尾针后侧入针。

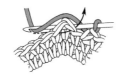

2 在针上挂线，按照箭头所示拉到织片的另一面后引拔出线。

3 将引拔出的线拉长至比短针稍长，再次挂线后从钩针上2个线圈中一起引拔出线。

4 完成1针短针的反拉针。

罗纹绳的钩织方法

线头

1 留出所需线长3倍的线头，钩织基本针。

2 将线头从靠身体的一侧绕向钩针的另一侧，挂在针上。

3 在钩针上挂线后，从钩针上2个线圈中一起引拔出线。

4 重复步骤2和步骤3，钩织所需的针数。钩织完成时，不挂线头钩织锁针。

其他基础索引